天津市
北大港湿地自然保护区
常见植物图册

天津市生态环境科学研究院
天津市北大港湿地自然保护区管理中心 编著

中国环境出版集团·北京

图书在版编目（CIP）数据

天津市北大港湿地自然保护区常见植物图册 / 天津市生态环境科学研究院，天津市北大港湿地自然保护区管理中心编著. -- 北京 : 中国环境出版集团，2020.9
ISBN 978-7-5111-4448-5

Ⅰ. ①天… Ⅱ. ①天… ②天… Ⅲ. ①沼泽化地－国家公园－植物－天津－图集 Ⅳ. ①Q948.522.1-64

中国版本图书馆CIP数据核字(2020)第179566号

出 版 人　武德凯
责任编辑　田　怡
责任校对　任　丽
装帧设计　宋　瑞

出版发行　中国环境出版集团
（100062　北京市东城区广渠门内大街16号）
网　　址：http://www.cesp.com.cn
电子邮箱：bjgl@cesp.com.cn
联系电话：010-67112765（编辑管理部）
发行热线：010-67125803，010-67113405（传真）
印装质量热线：010-67113404
印　　刷　北京中科印刷有限公司
经　　销　各地新华书店
版　　次　2020年9月第1版
印　　次　2020年9月第1次印刷
开　　本　787×1092　1/16
印　　张　16
字　　数　240千字
定　　价　120.00元

编委会

ATLAS OF COMMON PLANTS IN TIANJIN BEIDAGANG WETLAND NATURE RESERVE

主　　编：刘红磊（天津市生态环境科学研究院）

　　　　　孙宝年（天津市北大港湿地自然保护区管理中心）

编　　者：周　滨（天津市环境保护科学研究院）

　　　　　李秀仙（天津市北大港湿地自然保护区管理中心）

　　　　　李　珣（天津市北大港湿地自然保护区管理中心）

　　　　　孔文亮（天津市北大港湿地自然保护区管理中心）

　　　　　李艳英（天津市生态环境科学研究院）

　　　　　李　慧（天津市生态环境科学研究院）

　　　　　马　喆（天津市生态环境科学研究院）

　　　　　邢美楠（天津市生态环境科学研究院）

　　　　　段云霞（天津市生态环境科学研究院）

　　　　　王晓乔（天津市生态环境科学研究院）

　　　　　张　洪（中国科学院生态环境研究中心）

　　　　　魏　巍（天津市生态环境监测中心）

　　　　　岳　昂（天津市生态环境监测中心）

　　　　　王乃丽（天津市环科检测技术有限公司）

摄　　影：刘红磊　周　滨　孙宝年

文字校核：李艳英　刘红磊　邢美楠

前言

ATLAS OF COMMON PLANTS IN TIANJIN BEIDAGANG WETLAND NATURE RESERVE

天津具有丰富的滨海湿地资源。滨海湿地以其大量的耐盐植物、大面积的水面及多样的水生生物，为许多珍稀和濒危野生动物的迁徙、繁殖、栖息提供了良好的环境条件。北大港湿地自然保护区位于天津市滨海新区的东南部，面积为 34 887 hm^2，其中核心区 11 572 hm^2、缓冲区 9 196 hm^2，实验区 14 119 hm^2，是天津市面积最大的湿地自然保护区。

为更好地对湿地植物资源进行鉴定与保护，天津市生态环境科学研究院（原天津市环境保护研究院）依托所承担的“十三五”水专项课题“滨海工业带尾水人工湿地构建技术研究与示范”（课题编号：2017ZX07107-004）、中央引导地方科技发展专项课题“天津滨海湿地生态修复与服务功能提升技术开发与综合示范”（课题编号：S18YF03001），于 2018—2020 年，联合北大港湿地自然保护区管理中心，开展了湿地植物调查。基于本次调查结果，编者整理了天津市北大港湿地自然保护区常见植物名录及照片，以期为北大港湿地生态资源管理提供基础数据。本书除选用本次科考照片外，还从中国植物图像库（http://ppbc.iplant.cn）中甄选了部分植物的细节特写，并参考《天津植物志》等文献资料整理了植物主要特征，以期为自然生态爱好者提供更好的科普参考。

本次调查共识别植物 50 科、142 属、204 种，其中乔、灌、草分别为 35 种、11 种、158 种；自然野生物种 159 种、人工种植物种 45 种（景观绿化与作物种植）。由于时间仓促、水平有限，图册中难免出现错误及纰漏，我们力争在未来的数年里，定期查漏补缺，进行更新。

目录

ATLAS OF COMMON PLANTS IN
TIANJIN BEIDAGANG WETLAND
NATURE RESERVE

1

Atlas of Common Plants in Tianjin Beidagang Wetland Nature Reserve

禾本科

1.1 白茅

白茅，禾本科白茅属多年生草本植物；拉丁名：*Imperata cylindrica*，别名：茅针、丝茅草、茅根、茅草。

根茎：秆直立，高 30 ～ 80 cm，具粗壮的长根状茎。
叶：叶鞘聚集于秆基，质地较厚，叶舌膜质。
花：圆锥状花序稠密，花柱细长，基部多少连合。
果：颖果椭圆形，胚长为颖果之半。
花果期：4—6 月。

1.2 稗

稗，禾本科稗属一年生草本植物；拉丁名：*Echinochloa crusgalli*。

根茎：高达 50 ～ 150 cm，秆直立，光滑无毛，基部倾斜或膝曲。
叶：叶鞘疏松，下部者长于节间，上部者短于节间，无叶舌，叶片无毛。
花：圆锥状花序，主轴具棱，粗糙。
果：颖果长圆形。
花果期：7—10 月。

1.3 无芒稗

无芒稗，禾本科稗属一年生草本植物；拉丁名：*Echinochloa crusgalli* var. *mitis*。

根茎：高 50 ～ 120 cm，秆直立，粗壮。

叶：叶片长 20 ～ 30 cm，宽 6 ～ 12 mm。

花：圆锥状花序直立，分枝斜上举而开展，常再分枝；小穗卵状椭圆形，无芒或具极短芒，脉上被疣基硬毛。

果：颖果椭圆形。

1.4 长芒稗

长芒稗，禾本科稗属一年生草本植物；拉丁名：*Echinochloa caudata*。

根茎：高 1 ～ 2 m，秆基部可分枝。
叶：叶鞘无毛或常有疣基毛（或毛脱落仅留疣基），或仅有粗糙毛或仅边缘有毛，叶舌缺，叶片线形，两面无毛，边缘增厚而粗糙。
花：圆锥状花序稍下垂，主轴粗糙，分枝密集，常再分小枝，花柱基分离。
果：颖果长圆形。
花果期：7—10 月。

1.5 狗尾草

狗尾草，禾本科狗尾草属一年生草本植物；拉丁名：*Setaria viridis*。

根茎：根为须状，植株高大具支持根；秆直立或基部膝曲，高 10 ～ 100 cm。
叶：叶鞘松弛，无毛或疏具柔毛、疣毛，叶舌极短，叶片扁平，长三角状狭披针形或线状披针形。
花：圆锥状花序紧密，基部稍疏离，小穗 2 ～ 5 个簇生于主轴上或更多的小穗着生在短小枝上，花柱基分离。
果：颖果灰白色。
花果期：5—10 月。

1.6 金色狗尾草

金色狗尾草，禾本科狗尾草属一年生草本植物；拉丁名：*Setaria pumila*。

根茎：秆直立或基部倾斜，高 20 ～ 90 cm，单生或丛生，近地面节可生根。
叶：叶片线状披针形或狭披针形，近基部疏生长柔毛；叶鞘扁且窄，浅红色，光滑无毛。
花：圆锥状花序紧密，刚毛金黄色或略带褐色，小穗有 1 ～ 2 枚花，先端稍尖。
花果期：6—10 月。

1.7 大狗尾草

大狗尾草，禾本科狗尾草属一年生草本植物；拉丁名：*Setaria faberi*。

根茎：通常具支柱根，秆粗壮而高大、直立或基部膝曲，高 50 ～ 120 cm，直径达 6 mm，光滑无毛。

叶：线状披针形，无毛或上面具较细疣毛，叶鞘边缘常有纤毛，叶舌退化为极短的纤毛。

花：圆锥状花序紧缩，主轴有柔毛，小穗椭圆形，刚毛通常为绿色。

果：颖果椭圆形，顶端尖。

花果期：7—10 月。

1.8 粱

粱，禾本科狗尾草属一年生栽培草本植物；拉丁名：*Setaria italica*，别名：小米、谷子、黍。

根茎：秆粗壮，直立，高 0.1 ～ 1 m 或更高。
叶：叶鞘松裹茎秆，密具疣毛或无毛，边缘密具纤毛；叶舌为一圈纤毛；叶片长披针形或线状披针形，基部钝圆，上面粗糙，下面稍光滑。
花：圆锥状花序通常下垂，基部多少有间断，主轴密生柔毛，刚毛显著长于或稍长于小穗，黄色、褐色或紫色；小穗椭圆形或近圆球形，黄色、桔红色或紫色；花柱基部分离。

1.9 稷

稷，禾本科黍属一年生栽培草本植物；拉丁名：*Panicum miliaceum* L.。

根茎：秆粗壮直立，高 40 ～ 120 cm；单生或少数丛生，有时有分枝，节密被髭毛，节下被疣基毛。

叶：叶鞘松弛，被疣基毛；叶舌膜质，长约 1 mm，叶片线形或线状披针形，长 10 ～ 30 cm，宽 5 ～ 20 mm，两面具疣基长柔毛或无毛，顶端渐尖，基部近圆形，边缘常粗糙。

花：圆锥状花序开展或较紧密，成熟时下垂，长 10 ～ 30 cm，分枝粗或纤细，具棱槽，边缘具糙刺毛，下部裸露，上部密生小枝与小穗。

果：小穗卵状椭圆形，长 4 ～ 5 mm；颖纸质，无毛，第一颖正三角形，长为小穗的 1/2 ～ 2/3，顶端尖或锥尖，通常具 5 ～ 7 脉；第二颖与小穗等长，通常具 11 脉，其脉顶端渐汇合呈喙状。

花果期：7—9 月。

1.10 狗牙根

狗牙根，禾本科狗牙根属低矮草本植物；拉丁名：*Cynodon dactylon* (L.) Pers.。

根茎：秆细而坚韧，下部匍匐地面蔓延甚长，节上常生不定根，秆壁厚，光滑无毛，有时两侧略压扁。
叶：叶鞘微具脊，无毛或有疏柔毛，鞘口常具柔毛；叶舌仅为一圈纤毛；叶片线形，通常两面无毛。
花：穗状花序，小穗灰绿色或带紫色，仅含 1 枚小花；花药淡紫色；子房无毛，柱头紫红色。
果：颖果长圆柱形。
花果期：5—10 月。

1.11 虎尾草

虎尾草，禾本科虎尾草属一年生草本植物；拉丁名：*Chloris virgata* SW.，别名：棒槌草、大屁股草。

根茎：秆直立或基部膝曲，高 12 ～ 75 cm，光滑无毛。

叶：叶鞘背部具脊，包卷松弛，叶舌无毛或具纤毛，叶片线形。

花：穗状花序，指状着生于秆顶，常直立而并拢成毛刷状，有时包藏于顶叶之膨胀叶鞘中，成熟时常带紫色。

果：颖果纺锤形，淡黄色，光滑无毛而半透明，胚长约为颖果的 2/3。

花果期：6—10 月。

1.12 大画眉草

大画眉草，禾本科画眉草属一年生草本植物；拉丁名：*Eragrostis cilianensis* (All.)。

根茎：秆粗壮。
叶：叶鞘疏松裹茎，叶舌为一圈成束的短毛，叶片线形扁平，叶脉上与叶缘均有腺体。
花：圆锥状花序，长圆形或尖塔形，分枝粗壮，单生；小穗长圆形或卵状长圆形，墨绿色带淡绿色或黄褐色，扁压并弯曲，有 10 ～ 40 枚小花，小穗除单生外，常密集簇生。
果：颖果近圆形，直径约 0.7 mm。
花果期：7—10 月。

1.13 画眉草

画眉草，禾本科画眉草属一年生草本植物；拉丁名：*Eragrostis pilosa* (Linn) Beauv.，别名：大画眉草、蚊子草。

根茎：秆丛生，直立或基部膝曲，高 15 ～ 60 cm；直径 1.5 ～ 2.5 mm，通常具 4 节，光滑。

叶：叶鞘松裹茎，长于或短于节间，扁压，鞘缘近膜质，鞘口有长柔毛；叶舌为一圈纤毛，长约 0.5 mm；叶片线形扁平或卷缩，长 6 ～ 20 cm，宽 2 ～ 3 mm，无毛。

花：圆锥状花序开展或紧缩，长 10 ～ 25 cm，宽 2 ～ 10 cm，分枝单生、簇生或轮生，多直立向上，腋间有长柔毛，小穗具柄，长 3 ～ 10 mm，宽 1 ～ 1.5 mm，含 4 ～ 14 枚小花。

果：颖果长圆形，长约 0.8 mm。

花果期：8 ～ 11 月。

1.14 知风草

知风草，禾本科画眉草属多年生草本植物；拉丁名：*Eragrostis ferruginea* (Thunb.) Beauv.。

根茎：秆丛生或单生，高 30 ～ 110 cm，直立或基部膝曲，粗壮，直径约 4 mm。
叶：叶鞘两侧极压扁，鞘口有毛，脉上有腺体；叶舌退化成 1 圈短毛；叶片扁平或内卷，较坚韧，背面光滑，表面粗糙，或近基部疏具长柔毛，长 20 ～ 40 cm，宽 3 ～ 6 mm。
花：圆锥状花序，开展，长 20 ～ 30 cm，分枝单生，或 2 ～ 3 枚聚生，枝腋间无毛。
果：颖果棕红色，长约 1.5 mm。
花果期：8—12 月。

1.15 碱茅

碱茅，禾本科碱茅属多年生草本植物；拉丁名：*Puccinellia distans* (L.) Parl.。

根茎：秆直立，高 20～30（60）cm，丛生或基部偃卧，节着土生根，直径约 1 mm，具 2～3 节，径常压扁。

叶：叶鞘长于节间，平滑无毛，叶舌截平或齿裂；叶片线形，扁平或对折，微粗糙或下面平滑。

花：圆锥状花序开展，分枝细长，平展或下垂，小穗柄短，平滑无毛。

果：颖果纺锤形，长约 1.2 mm。

花果期：5—7 月。

1.16 羊草

羊草，禾本科赖草属多年生草本植物；拉丁名：*Leymus chinensis* (Trin.) Tzvel.，别名：碱草。

根茎：具下伸或横走根茎，须根具沙套；秆散生，直立，高 40 ～ 90 cm。
叶：叶鞘光滑，叶舌截平。
花：穗状花序直立；穗轴边缘具细小纤毛，最基部的节长可达 16 mm。
花果期：6—8 月。

1.17 芦苇

芦苇，禾本科芦苇属多年生挺水草本植物；拉丁名：*Phragmites australis*。

根茎：秆直立，根状茎十分发达，高 1 ～ 3 m，基部和上部的节间较短，最长节间位于下部第 4 ～ 6 节。

叶：叶鞘下部者短于上部者，长于其节间；叶片披针状线形，顶端长渐尖成丝形。

花：圆锥状花序，分枝多数，着生稠密下垂的小穗；小穗柄无毛，黄色。

果：颖果长约 1.5 mm。

1.18 芦竹

芦竹，禾本科芦竹属多年生草本植物，拉丁名：*Arundo donax*。

根茎：秆粗大直立，根状茎发达；高 3 ～ 6 m，坚韧，具多数节，常生分枝。
叶：叶鞘长于节间，无毛或颈部具长柔毛；叶舌截平，先端具短纤毛；叶片扁平，上面与边缘微粗糙，基部白色，抱茎。
花：圆锥状花序极大型，分枝稠密，斜升，含 2 ～ 4 枚小花。
果：颖果细小黑色。
花果期：9—12 月。

1.19 毛马唐

毛马唐，禾本科马唐属一年生草本植物；拉丁名：*Digitaria chrysoblephara* Fig.。

根茎：秆基部倾卧，高 30 ～ 100 cm，着土后节易生根，具分枝。
叶：叶鞘多短于其节间，常具柔毛；叶舌膜质；叶片线状披针形，两面生柔毛，边缘微粗糙。
花：总状花序 4 ～ 10 枚，呈指状排列于秆顶；小穗披针形，孪生于穗轴一侧；小穗柄三棱形，粗糙。
花果期：6—10 月。

1.20 紫马唐

紫马唐，禾本科马唐属一年生直立草本植物；拉丁名：*Digitaria violascens*。

根茎：秆疏丛生，高 20 ～ 60 cm，基部倾斜，具分枝，无毛。
叶：叶鞘短于节间，无毛或生柔毛；叶舌长 1 ～ 2 mm；叶片线状披针形，质地较软，扁平，粗糙，基部圆形，无毛或上面基部及鞘口生柔毛。
花：总状花序长 5 ～ 10 cm，4 ～ 10 枚呈指状排列于茎顶或散生于长 2 ～ 4 cm 的主轴上。
果：穗轴宽 0.5 ～ 0.8 mm，边缘微粗糙；小穗椭圆形，小穗柄稍粗糙。
花果期：7—11 月。

1.21 白羊草

白羊草，禾本科孔颖草属多年生草本植物；拉丁名：*Bothriochloa ischaemum*。

根茎：秆丛生，高 25 ～ 70 cm，直立或基部倾斜，径 1 ～ 2 mm，具 3 至多节，节上无毛或具白色髯毛。

叶：叶鞘无毛，多密集于基部而相互跨覆，常短于节间；叶舌膜质，长约 1 mm，具纤毛；叶片线形，长 5 ～ 16 cm，宽 2 ～ 3 mm，顶生者常缩短，先端渐尖，基部圆形，两面疏生疣基柔毛或下面无毛。

花：总状花序 4 至多数着生于秆顶呈指状，长 3 ～ 7 cm，纤细，灰绿色或带紫褐色；无柄小穗长圆状披针形，长 4 ～ 5 mm，基盘具髯毛。

花果期：7—9 月。

1.22 马唐

马唐，禾本科马唐属一年生草本植物；拉丁名：*Digitaria sanguinalis*。

根茎：秆直立或下部倾斜，高 10 ～ 80 cm，膝曲上升，直径 2 ～ 3 mm，无毛或节生柔毛。
叶：叶鞘短于节间，无毛或散生疣基柔毛；叶舌长 1 ～ 3 mm；叶片线状披针形，基部圆形，边缘较厚，微粗糙，具柔毛或无毛。
花：总状花序长 5 ～ 18 cm，4 ～ 12 枚呈指状着生于长 1 ～ 2 cm 的主轴上；穗轴直伸或开展，两侧具宽翼，边缘粗糙；小穗椭圆状披针形。
花果期：6—9 月。

1.23 止血马唐

止血马唐，禾本科马唐属一年生草本植物；拉丁名：*Digitaria ischaemum*。

根茎：秆直立或基部倾斜，高 15 ～ 40 cm，下部常有毛。
叶：叶鞘具脊，无毛或疏生柔毛；叶舌长约 0.6 mm；叶片扁平，线状披针形，长 5 ～ 12 cm，宽 4 ～ 8 mm，顶端渐尖，基部近圆形，多少生长柔毛。
花：总状花序 2 ～ 4 枚，长 2 ～ 8 cm，彼此甚接近或最下 1 枚较离开；具白色中肋，两侧翼缘粗糙；小穗长 2 ～ 2.2 mm，宽约 1 mm。
花果期：6—11 月。

1.24 互花米草

互花米草，禾本科米草属多年生草本植物；拉丁名：*Spartina alterniflora*。

根茎：地下部分通常由短而细的须根和长而粗的地下茎 (根状茎) 组成；根系发达，常密布于地下 30 cm 深的土层内；植株茎秆坚韧、直立，高可达 1 ～ 3 m。

叶：茎节具叶鞘，叶腋有腋芽；互生，呈长披针形，具盐腺，根吸收的盐分大都由盐腺排出体外，因而叶表面往往有白色粉状的盐霜出现。

花：圆锥状花序长 20 ～ 45 cm，具 10 ～ 20 枚穗形总状花序，有 16 ～ 24 枚小穗，小穗侧扁；两性花；子房平滑，两柱头很长，呈白色羽毛状。

果：颖果长 0.8 ～ 1.5 cm，胚呈浅绿色或蜡黄色。

1.25 牛鞭草

牛鞭草，禾本科牛鞭草属多年生草本植物；拉丁名：*Hemarthria altissima*，别名：牛仔草、铁马鞭。

根茎：根茎长而横走；秆直立，一侧有槽，高可达 1 m。
叶：叶鞘边缘膜质，鞘口具纤毛；叶舌膜质，白色，上缘撕裂状；叶片线形，两面无毛。
花：总状花序单生或簇生，无柄小穗卵状披针形。
花果期：7—10 月。

1.26 牛筋草

牛筋草，禾本科䅟属一年生草本植物；拉丁名：*Eleusine indica*。

根茎：根系极发达；秆丛生，高 10 ～ 90 cm，基部倾斜。
叶：叶鞘两侧压扁而具脊，松弛，无毛或疏生疣毛；叶片平展，线形，无毛或上面被疣基柔毛。
花：穗状花序 2 ～ 7 枚指状着生于秆顶，很少单生。
果：囊果卵形，长约 1.5 mm，基部下凹，具明显的波状皱纹。
花果期：6—10 月。

1.27 糠稷

糠稷，禾本科黍属一年生草本植物；拉丁名：*Panicum bisulcatum*。

根茎：秆纤细，较坚硬，高 0.5 ～ 1 m，直立或基部伏地，节上可生根。
叶：叶鞘松弛，边缘被纤毛；叶舌膜质，顶端具短纤毛；叶片狭披针形，长 5 ～ 20 cm，宽 3 ～ 15 mm，几无毛。
花：圆锥状花序长 15 ～ 30 cm，分枝纤细，斜举或平展，无毛或粗糙；小穗椭圆形，长 2 ～ 2.5 mm，绿色或有时带紫色，具细柄。
花果期：9—11 月。

1.28 披碱草

披碱草，禾本科披碱草属多年生丛生草本植物；拉丁名：*Elymus dahuricus*。

根茎：秆疏丛，直立，高可达 140 cm。
叶：叶鞘光滑无毛；叶片扁平，稀可内卷，上面粗糙，下面光滑。
花：穗状花序直立，较紧密，穗轴边缘具小纤毛，小穗绿色，成熟后变为草黄色，含 3 ～ 5 枚小花。

1.29 纤毛披碱草

纤毛披碱草，禾本科披碱草属多年生草本植物；拉丁名：*Elymus ciliaris*，别名：纤毛鹅观草。

根茎：秆单生或成疏丛，直立，高 40 ～ 80 cm，基部节常膝曲，平滑无毛，常被白粉。
叶：叶鞘无毛，基部叶鞘于接近边缘处具有柔毛；叶片扁平，长 10 ～ 20 cm，宽 3 ～ 10 mm，两面均无毛，边缘粗糙。
花：穗状花序直立或多少下垂，长 10 ～ 20 cm；小穗通常绿色，长 15 ～ 22 mm（除芒外），含（6）7 ～ 12 枚小花。
果：颖果椭圆状披针形，先端常具短尖头，两侧或一侧常具齿，具 5 ～ 7 脉，边缘与边脉上具有纤毛。
花果期：5—7 月。

1.30 野黍

野黍，禾本科野黍属一年生草本植物；拉丁名：*Eriochloa villosa*，别名：拉拉草、唤猪草。

根茎：秆直立，高 30 ～ 100 cm，基部分枝，稍倾斜。
叶：叶鞘无毛或被毛或鞘缘一侧被毛，叶片扁平，表面具微毛，背面光滑，边缘粗糙。
花：圆锥状花序狭长，密生柔毛，常排列于主轴之一侧；小穗卵状椭圆形，小穗柄极短，密生长柔毛。花柱分离。
果：颖果卵圆形，长约 3 mm。
花果期：7—10 月。

1.31 玉蜀黍

玉蜀黍，禾本科玉蜀黍属一年生草本植物；拉丁名：*Zea mays*，别名：玉米、棒子、包谷、包米、包粟、玉茭、苞米、珍珠米等。

根茎：植株高大，茎强壮，秆直立，高 1 ～ 4 m，通常不分枝，基部各节具气生根。
叶：叶鞘具横脉；叶舌膜质；叶片扁平宽大，线状披针形，基部圆形呈耳状，无毛或具疵柔毛，中脉粗壮，边缘微粗糙。
花：顶生雄性圆锥状花序，主轴与总状花序轴及其腋间均被细柔毛。
果：颖果球形或扁球形，成熟后露出颖片和稃片之外，其大小随生长条件不同而产生差异，胚长为颖果的 1/2 ～ 2/3。
花果期：7—9 月。

1.32 獐毛

獐毛，禾本科獐毛属多年生草本植物；拉丁名：*Aeluropus sinensis*。

根茎：高 15 ～ 35 cm，通常有长匍匐枝，具多节，节上多少有柔毛。
叶：叶鞘通常长于节间或上部者可短于节间，鞘口常有柔毛，其余部分常无毛或近基部有柔毛，叶片无毛，通常扁平。
花：圆锥状花序穗形，其上分枝密接而重叠；小穗长 4 ～ 6 mm，有 4 ～ 6 枚小花，颖及外稃均无毛，或仅背脊粗糙。

1.33 野牛草

野牛草，禾本科野牛草属多年生低矮草本植物；拉丁名：*Buchloe dactyloides*。

根茎：匍匐茎广泛延伸，结成厚密的草皮，株纤细，高 5 ~ 25 cm。
叶：叶鞘疏生柔毛；叶灰绿色，卷曲；叶舌短小，具细柔毛；叶片线形，粗糙，长 3 ~ 10 cm，宽 1 ~ 2 mm，两面疏生白柔毛。
花：雄花序有 2 ~ 3 枚总状排列的穗状花序，长 5 ~ 15 mm，宽约 5 mm，草黄色；雌花序常呈头状，长 6 ~ 9 mm，宽 3 ~ 4 mm；雌性小穗含 1 枚小花，常 4 ~ 5 枚簇生成头状花序，此种花序又常两个并生为一隐藏在上部叶鞘内的共同短梗上，成熟时自梗上整个脱落。
果：颖较宽，不等长，具 1 脉；外稃长于颖，白色，先端稍钝，具 3 脉；内稃约等长于外稃，具 2 脊。
花果期：6—9 月。

2

Atlas of Common Plants in Tianjin
Beidagang Wetland Nature Reserve

菊科

2.1 苍耳

苍耳，菊科苍耳属一年生草本植物；拉丁名：*Xanthium strumarium*。

根茎：根纺锤状，分枝或不分枝；茎直立不分枝或少有分枝，高 20 ～ 90 cm，下部圆柱形，直径 4 ～ 10 mm，上部有纵沟，被灰白色糙伏毛。
叶：三角状卵形或心形，近全缘，或有 3 ～ 5 片不明显浅裂，顶端尖或钝，基部稍心形或截形，与叶柄连接处成相等的楔形，边缘有不规则的粗锯齿，有三基出脉，侧脉弧形，直达叶缘，脉上密被糙伏毛，叶脉上面绿色，下面苍白色，被糙伏毛。
花：雄性的头状花序球形，总苞片长圆状披针形，花托柱状，托片倒披针形，花药长圆状线形；雌性的头状花序椭圆形，外层总苞片小，披针形，内层总苞片结合成囊状，宽卵形或椭圆形，绿色，淡黄绿色或有时带红褐色。
果：瘦果，倒卵形。
花果期：花期 7—8 月，果期 9—10 月。

2.2 翅果菊

翅果菊，菊科翅果菊属一年生或二年生草本植物；拉丁名：*Lactuca indica*。

根茎：根垂直直伸，生多数须根；茎直立，单生，高 0.4 ～ 2 m，基部直径 3 ～ 10 mm，上部圆锥状或总状圆锥状分枝，全部茎枝无毛。
叶：全部茎叶线形，边缘大部全缘或仅基部或中部以下两侧边缘有小尖头或稀疏细锯齿或尖齿，或全部茎叶线状长椭圆形、长椭圆形或倒披针状长椭圆形。
花：头状花序果期卵球形，多数沿茎枝顶端排成圆锥状花序或总状圆锥状花序。
果：瘦果椭圆形，黑色，扁状，边缘有宽翅。
花果期：4—11 月。

2.3 小蓬草

小蓬草，菊科白酒草属一年生草本植物；拉丁名：*Erigeron canadensis*，别名：小飞蓬、加拿大蓬、小白酒草、祁州一枝蒿。

根茎：根纺锤状，具纤维状根；茎直立，高 50 ～ 100 cm 或更高，圆柱状，多少具棱，有条纹，被疏长硬毛，上部多分枝。
叶：密集，基部叶花期常枯萎，下部叶倒披针形，中部和上部叶较小，线状披针形或线形。
花：头状花序多数，排列成顶生多分枝的大圆锥花序；花序梗细，总苞近圆柱状。
果：瘦果线状披针形，被贴微毛；冠毛污白色，1 层，糙毛状。
花果期：5—10 月。

2.4 阿尔泰狗娃花

阿尔泰狗娃花，菊科狗娃花属多年生草本植物；拉丁名：*Aster altaicus*。

根茎：有横走或垂直的根；茎直立，高 20 ～ 60 cm，被上曲或有时开展的毛，上部常有腺，上部或全部有分枝。
叶：基部叶在花期枯萎；下部叶条形或矩圆状披针形，倒披针形，或近匙形，全缘或有疏浅齿；上部叶渐狭小，条形；全部叶两面或下面被粗毛或细毛，常有腺点，中脉在下面稍凸起。
花：头状花序直径 2 ～ 3.5 cm，单生枝端或排成伞房状；总苞半球形，总苞片 2 ～ 3 层，近等长或外层稍短，矩圆状披针形或条形，顶端渐尖，背面或外层全部草质，被毛，常有腺，边缘膜质；舌状花 1 轮，约 20 枚，舌片淡蓝紫色，矩圆状条形；管状花长 5 ～ 6 mm，裂片不等大。
果：瘦果扁有疏毛，倒卵状矩圆形，灰绿色或浅褐色，被绢毛，上部有腺；冠毛污白色或红褐色，长 4 ～ 6 mm，有不等长的微糙毛。
花果期：5—9 月。

2.5 狗娃花

狗娃花，菊科狗娃花属一年生或二年生草本植物；拉丁名：*Aster hispidus*。

根茎：根垂直纺锤状；茎高 30 ～ 50 cm，有时达 150 cm，单生，有时数个丛生，被上曲或开展的粗毛，下部常脱毛，有分枝。
叶：基部及下部叶在花期枯萎，倒卵形，长 4 ～ 13 cm，宽 0.5 ～ 1.5 cm，渐狭成长柄，顶端钝或圆形，全缘或有疏齿；中部叶矩圆状披针形或条形，长 3 ～ 7 cm，宽 0.3 ～ 1.5 cm，常全缘，上部叶小，条形；全部叶质薄，两面被疏毛或无毛，边缘有疏毛，中脉及侧脉显明。
花：头状花序直径 3 ～ 5 cm，单生于枝端而排列成伞房状；舌状花约 30 枚，管部长 2 mm；舌片浅红色或白色，条状矩圆形，长 12 ～ 20 mm，宽 2.5 ～ 4 mm；管状花花冠长 5 ～ 7 mm，管部长 1.5 ～ 2 mm，裂片长 1 mm 或 1.5 mm。
果：瘦果倒卵形，扁状，长 2.5 ～ 3 mm，宽 1.5 mm，有细边肋，被密毛。
花果期：花期 7—9 月，果期 8—9 月。

2.6 金盏银盘

金盏银盘，菊科鬼针草属一年生草本植物；拉丁名：*Bidens biternata*。

根茎：茎直立，高 30 ～ 150 cm，略具四棱，无毛或被稀疏卷曲短柔毛，基部直径 1 ～ 9 mm。
叶：一回羽状复叶，顶生小叶卵形至长圆状卵形或卵状披针形，长 2 ～ 7 cm，宽 1 ～ 2.5 cm，先端渐尖，基部楔形，边缘具稍密且近于均匀的锯齿，有时侧生小叶 1 ～ 2 对，卵形或卵状长圆形，近顶部的一对稍小，三出复叶状分裂或仅一侧具一裂片，裂片椭圆形，边缘有锯齿；总叶柄长 1.5 ～ 5 cm，无毛或被疏柔毛。
花：头状花序直径 7 ～ 10 mm，花序梗长 1.5 ～ 5.5 cm，果时长 4.5 ～ 11 cm；总苞基部有短柔毛，外层苞片 8 ～ 10 枚，草质，条形，长 3 ～ 6.5 mm，先端锐尖，背面密被短柔毛。
果：瘦果条形，黑色，长 9 ～ 19 mm，宽 1 mm，具四棱，两端稍狭，多少被小刚毛，顶端芒刺 3 ～ 4 枚，长 3 ～ 4 mm，具倒刺毛。
花果期：花期 4—9 月，果期 6—10 月。

2.7 鬼针草

鬼针草，菊科鬼针草属一年生草本植物；拉丁名：*Bidens pilosa*。

根茎：茎直立，高 30 ～ 100 cm，钝四棱形，无毛或上部被极稀疏的柔毛，基部直径可达 6 mm。
叶：茎下部叶较小，3 裂或不分裂，通常在开花前枯萎，中部叶具长 1.5 ～ 5 cm 无翅的柄，三出，小叶 3 枚，很少为具 5 ～ 7 小叶的羽状复叶。
花：头状花序，直径 8 ～ 9 mm，有长 1 ～ 6 cm 的花序梗；总苞基部被短柔毛，苞片 7 ～ 8 枚，条状匙形，上部稍宽，开花时长 3 ～ 4 mm。
果：瘦果黑色，条形，略扁，具棱，长 7 ～ 13 mm，宽约 1 mm，上部具稀疏瘤状凸起及刚毛，顶端芒刺 3 ～ 4 枚，长 1.5 ～ 2.5 mm，具倒刺毛。
花果期：8—10 月。

2.8 婆婆针

婆婆针，菊科鬼针草属一年生草本植物；拉丁名：*Bidens bipinnata*。

根茎：茎直立，高 30 ～ 120 cm，下部略具四棱，无毛或上部被稀疏柔毛，基部直径 2 ～ 7 cm。
叶：对生，具柄，柄长 2 ～ 6 cm，二回羽状分裂，背面微凸或扁平，腹面沟槽，槽内及边缘具疏柔毛。
花：总苞杯形，外层苞片 5 ～ 7 枚，被稍密短柔毛，内层苞片膜质，椭圆形，花后伸长为狭披针形，背面褐色，被短柔毛，具黄色边缘。
果：瘦果条形，略扁，具 3 ～ 4 棱，具瘤状凸起及小刚毛，顶端芒刺 3 ～ 4 枚，很少 2 枚，具倒刺毛。

2.9 蒌蒿

蒌蒿，菊科蒿属多年生草本植物，植株具清香气味；拉丁名：*Artemisia selengensis*，别名：芦蒿、水艾、水蒿等。

根茎：主根不明显或稍明显，具多数侧根与纤维状须根；根状茎稍粗，直立或斜向上，直径 4 ～ 10 mm，有匍匐地下茎；茎少数或单，高 60 ～ 150 cm，初时绿褐色，后为紫红色，无毛，有明显纵棱，下部通常半木质化，上部有着生头状花序的分枝，枝长 6 ～ 10（12）cm，稀更长，斜向上。

叶：纸质或薄纸质，上面绿色，无毛或近无毛，背面密被灰白色蛛丝状平贴的绵毛；茎下部叶宽卵形或卵形，长 8 ～ 12 cm，宽 6 ～ 10 cm，近成掌状或指状，基部渐狭成柄，叶柄长 0.5 ～ 2（5）cm，无假托叶，花期通常凋谢；中部叶近成掌状，5 深裂或为指状 3 深裂，稀间有不分裂之叶；上部叶与苞片叶指状 3 深裂，2 裂或不分裂，裂片或不分裂的苞片叶为线状披针形，边缘具疏锯齿。

花：头状花序多数，长圆形或宽卵形，并在茎上组成狭而长的圆锥状花序。

果：瘦果卵形，略扁，上端偶有不对称的花冠着生面。

花果期：7—10 月。

2.10 茵陈蒿

茵陈蒿，菊科蒿属半灌木状草本植物，植株有浓烈的香气；拉丁名：*Artemisia capillaris*，别名：因尘、因陈、茵陈、绵茵陈、白茵陈等。

根茎：主根明显木质，垂直或斜向下伸长；根茎直立，稀少斜上展或横卧，常有细的营养枝。
叶：基生叶密集着生，常成莲座状；叶片卵圆形或卵状椭圆形，二（三）回羽状全裂，每侧有裂片，小裂片狭线形或狭线状披针形，通常细直。
花：头状花序卵球形，有短梗及线形的小苞叶，在分枝的上端或小枝端偏向外侧生长，常排成复总状花序。
果：瘦果长圆形或长卵形。
花果期：7—10 月。

2.11 猪毛蒿

猪毛蒿，菊科蒿属多年生草本或近一年生、二年生草本植物；拉丁名：Artemisia scoparia，别名：石茵陈、山茵陈、西茵陈、北茵陈（《本草纲目》）等。

根茎：主根单一，狭纺锤形、垂直，半木质或木质化；根状茎粗短，直立，半木质或木质；茎通常单生，高 40 ～ 90（130）cm，红褐色或褐色，有纵纹。
叶：基生叶与营养枝叶两面被灰白色绢质柔毛；近圆形、长卵形。
花：头状花序近球形，具极短梗或无梗，基部有线形的小苞叶，在分枝上偏向外侧生长，并排成复总状或复穗状花序。
果：瘦果倒卵形或长圆形，褐色。
花果期：7—10 月。

2.12 黄花蒿

黄花蒿，菊科蒿属一年生草本植物，植株有浓烈的挥发性香气；拉丁名：*Artemisia annua*。

根茎：根单生，垂直，狭纺锤形；茎单生，高 100 ～ 200 cm，基部直径可达 1 cm，幼时绿色，后变褐色或红褐色，多分枝。

叶：纸质，绿色；茎下部叶宽卵形或三角状卵形，两面具细小脱落性的白色腺点及细小凹点。

花：头状花序球形，基部有线形的小苞叶，在分枝上排成总状或复总状花序，并在茎上组成开展、尖塔形的圆锥状花序。

果：瘦果小，椭圆状卵形，略扁。

花果期：8—11 月。

2.13 野艾蒿

野艾蒿，菊科蒿属多年生草本植物，植株有香气；拉丁名：*Artemisia lavandulifolia*，别名：荫地蒿、野艾、小叶艾、狭叶艾等。

根茎：高 50 ～ 120 cm，有时为半灌木状，主根稍明显，侧根多；茎少数，成小丛，分枝多，斜向上伸展，根状茎稍粗，常匍地，有细而短的营养枝。

叶：纸质，上面绿色，具密集白色腺点及小凹点；基生叶与茎下部叶宽卵形或近圆形；中部叶卵形、长圆形或近圆形；上部叶羽状全裂，具短柄或近无柄。

花：头状花序极多数，椭圆形或长圆形；总苞片 3 ～ 4 层，外层总苞片略小，卵形或狭卵形，中层总苞片长卵形，内层总苞片长圆形或椭圆形。

果：瘦果长卵形或倒卵形。

花果期：8—10 月。

2.14 艾

艾，菊科蒿属多年生草本或略成半灌木状草本植物，植株有浓烈香气；拉丁名：*Artemisia argyi*，别名：萧茅、冰台、遏草、香艾、蕲艾、艾萧、艾草、蓬藁、灸草、医草等。

根茎：主根明显，略粗长，侧根多，常有横卧地下根状茎及营养枝；茎单生或少数，高 80 ～ 150（250）cm，有明显纵棱，基部稍木质化，上部草质；茎、枝均被灰色蛛丝状柔毛。
叶：厚纸质；基生叶具长柄，花期萎谢；茎下部叶近圆形或宽卵形，中部叶卵形、三角状卵形或近菱形，上部叶为椭圆形、长椭圆状披针形、披针形或线状披针形。
花：头状花序椭圆形，每数枚至 10 余枚在分枝上排成小型的穗状花序或复穗状花序，并在茎上通常再组成狭窄、尖塔形的圆锥花序。
果：瘦果长卵形或长圆形。
花果期：7—10 月。

2.15 碱蒿

碱蒿，菊科蒿属一、二年生草本植物，植株有浓烈的香气；拉丁名：*Artemisia anethifolia*，别名：盐蒿、大莳萝蒿、糜糜蒿、臭蒿等。

根茎：主根单一，垂直，狭纺锤形；茎单生，高 20 ～ 50 cm，直立或斜上，有纵棱；茎、枝初时有短绒毛，后渐脱落无毛。

叶：初时被短柔毛，后渐稀疏，近无毛；基生叶椭圆形或长卵形，中部叶卵形、宽卵形或椭圆状卵形，上部叶与苞片叶无柄，5 或 3 全裂或不分裂，裂片或不分裂之苞片叶狭线形。

花：头状花序半球形或宽卵形，基部有小苞叶，在分枝上排成穗状花序式的总状花序，并在茎上组成疏散、开展的圆锥花序。

果：瘦果椭圆形或倒卵形，顶端偶有不对称的冠状附属物。

花果期：8—10 月。

2.16 五月艾

五月艾，菊科蒿属亚灌木状草本植物，植株具浓香；拉丁名：*Artemisia indica*。

根茎：高达 1.5 m，分枝多；茎单生或少数；茎、枝初微被柔毛。
叶：上面初被灰白或淡灰黄色绒毛，下面密被灰白色蛛丝状绒毛；基生叶与茎下部叶卵形或长卵形，（一）（二）回羽状分裂或近大头羽状深裂，一回全裂或深裂，每侧裂片 3 ～ 4 片，裂片椭圆形，上半部裂片大，二回为裂齿或为粗齿，中轴有时有窄翅，叶柄短；中部叶卵形、长卵形或椭圆形，长 5 ～ 8 cm；上部叶羽状全裂；苞片叶 3 全裂或不裂。
花：头状花序直立或斜展，卵圆形、长卵圆形或宽卵圆形，直径 2 ～ 2.5 mm，具短梗及小苞叶，在分枝排成穗形总状或复总状花序，在茎上组成开展或中等开展的圆锥状花序。
果：瘦果长圆形或倒卵圆形。
花果期：8—10 月。

2.17 刺儿菜

刺儿菜，菊科蓟属多年生草本植物；拉丁名：*Cirsium arvense* var. *integrifolium*，别名：小蓟。

根茎：茎直立，高 30 ～ 80（100 ～ 120）cm；基部直径 3 ～ 5 mm，有时可达 1 cm，上部有分枝。

叶：基生叶和中部茎叶椭圆形、长椭圆形或椭圆状倒披针形，顶端钝或圆形，基部楔形；全部茎叶两面同色，绿色或下面色淡，两面无毛。

花：头状花序单生茎端，或植株含少数或多数头状花序在茎枝顶端排成伞房花序；总苞卵形、长卵形或卵圆形，总苞片约 6 层，覆瓦状排列，向内层渐长。

果：瘦果淡黄色，椭圆形或偏斜椭圆形，扁状，顶端斜截形。

花果期：5—9 月。

2.18 碱菀

碱菀，菊科碱菀属一年生或二年生中生盐生草本植物；拉丁名：*Tripolium pannonicum*。

根茎：茎直立，高 30 ～ 50 cm，有时达 80 cm，下部带红，叶多肉质；茎单生或数个丛生于根茎上，下部常带红色，无毛，上部有多少开展的分枝。
叶：基部叶在花期枯萎，下部叶条状或矩圆状披针形，顶端尖，全缘或有具小尖头的疏锯齿；中部叶渐狭，无柄，上部叶渐小，苞叶状；全部叶无毛，肉质。
花：头状花序排成伞房状，有长花序梗；总苞近管状，花后钟状；总苞片 2 ～ 3 层，疏覆瓦状排列，外层披针形或卵圆形，顶端钝，内层狭矩圆形。
果：瘦果长 2.5 ～ 3 mm，扁状，有边肋，两面各有 1 脉，被疏毛。
花果期：8—12 月。

2.19 苣荬菜

苣荬菜，菊科苦苣菜属多年生草本植物；拉丁名：*Sonchus wightianus*。

根茎：茎直立，高 30 ～ 80 cm，全株有乳汁；地下根状茎匍匐，多数须根着生；地上茎少分枝，直立，平滑。

叶：多数叶互生，披针形或长圆状披针形；先端钝，基部耳状抱茎，边缘有疏缺刻或浅裂，缺刻及裂片都具尖齿；基生叶具短柄，茎生叶无柄。

花：头状花序顶生，单一或呈伞房状，总苞钟形；花全为舌状花，鲜黄色。

果：瘦果，有棱，侧扁，具纵肋，先端具多层白色冠毛；冠毛细软。

花果期：花期 7 月至翌年 3 月，果期 8—10 月至翌年 4 月。

2.20 苦苣菜

苦苣菜，菊科苦苣菜属一年生或二年生草本植物；拉丁名：*Sonchus oleraceus*，别名：滇苦荬菜。

根茎：根圆锥状，垂直直伸，有多数纤维状的须根；茎直立，单生。
叶：基生叶羽状深裂，全形长椭圆形或倒披针形。
花：头状花序少数在茎枝顶端排紧密的伞房花序或总状花序或单生茎枝顶端；全部总苞片顶端长急尖，舌状小花多数，黄色。
果：瘦果褐色，长椭圆形或长椭圆状倒披针形，扁状。
花果期：5—12 月。

2.21 尖裂假还阳参

尖裂假还阳参，菊科假还阳参属多年生草本植物；拉丁名：*Crepidiastrum sonchifolium*，别名：抱茎小苦荬。

根茎：茎上部分枝。
叶：基生叶莲座状，匙形至长椭圆形，基部渐窄成宽翼柄，不裂或大头羽状深裂，上部叶心状披针形，多全缘，基部心形或圆耳状抱茎。
花：头状花序排成伞房或伞房圆锥状花序，总苞圆柱形，舌状小花黄色。
果：瘦果黑色，纺锤形，喙细丝状，冠毛白色。
花果期：3—5 月。

2.22 中华苦荬菜

中华苦荬菜，菊科小苦荬属多年生草本植物；拉丁名：*Ixeris chinensis*，别名：苦菜、节托莲、小苦麦菜、苦叶苗、败酱、苦麻菜、黄鼠草等。

根茎：根垂直直伸，通常不分枝；根状茎极短，茎直立单生或少数茎成簇生，高 5 ～ 47 cm。

叶：基生叶长椭圆形、倒披针形、线形或舌形，顶端钝或急尖或向上渐窄，基部渐狭成有翼的短柄或长柄。全部叶两面无毛。

花：头状花序通常在茎枝顶端排成伞房花序，含舌状小花 21 ～ 25 枚；总苞圆柱状。

果：瘦果褐色，长椭圆形；冠毛白色，微糙。

花果期：1—10 月。

2.23 鳢肠

鳢肠（lǐ cháng），菊科鳢肠属一年生草本植物；拉丁名：*Eclipta prostrata*。

根茎：茎直立，高达 60 cm，斜升或平卧，通常自基部分枝，被贴生糙毛。
叶：长圆状披针形或披针形，无柄或有极短的柄，顶端尖或渐尖，边缘有细锯齿或有时仅波状，两面被密硬糙毛。
花：头状花序，直径 6 ～ 8 mm，有长 2 ～ 4 cm 的细花序梗；总苞球状钟形。
果：瘦果暗褐色，长 2.8 mm，雌花的瘦果三棱形，两性花的瘦果扁四棱形，顶端截形，边缘具白色的肋，表面有小瘤状凸起，无毛。
花期：6—9 月。

2.24 全叶马兰

全叶马兰，菊科马兰属多年生草本植物；拉丁名：*Aster pekinensis*。

根茎：有长纺锤状直根；茎直立，高 30 ～ 70 cm，单生或数个丛生，被细硬毛，中部以上有近直立的帚状分枝。
叶：下部叶在花期枯萎；中部叶多而密，条状披针形、倒披针形或矩圆形，顶端钝或渐尖，常有小尖头。
花：头状花序单生枝端且排成疏伞房状；总苞半球形，覆瓦状排列，外层近条形，内层矩圆状披针形，顶端尖。
果：瘦果倒卵形，浅褐色，扁状；冠毛带褐色，不等长，弱而易脱落。
花果期：花期 6—10 月，果期 7—11 月。

2.25 泥胡菜

泥胡菜，菊科泥胡菜属一年生草本植物；拉丁名：*Hemisteptia lyrata*，别名：假苣菜、猪兜菜（广西壮族自治区）、艾草（海南省）。

根茎：茎单生，高 30 ～ 100 cm，通常纤细，被稀疏蛛丝毛。
叶：基生叶长椭圆形或倒披针形，花期通常枯萎；中下部茎叶与基生叶同形。全部茎叶质地薄，两面异色，上面绿色，无毛，下面灰白色，被厚或薄绒毛。
花：头状花序在茎枝顶端排成疏松伞房花序，少有植株仅含一个头状花序而单生茎顶的；总苞宽钟状或半球形，总苞片多层，覆瓦状排列。
果：瘦果小，楔状或偏斜楔形，深褐色，扁状，顶端斜截形，有膜质果缘，基底着生面平或稍见偏斜。
花果期：3—8 月。

2.26 蒲公英

蒲公英，菊科、蒲公英属多年生草本植物；拉丁名：*Taraxacum mongolicum*。

根茎：根略呈圆锥状，弯曲，表面棕褐色，皱缩，根头部有棕色或黄白色的毛茸。
叶：成倒卵状披针形、倒披针形或长圆状披针形，先端钝或急尖，边缘有时具波状齿或羽状深裂，有时倒向羽状深裂或大头羽状深裂。
花：花葶 1 至数个，与叶等长或稍长，高 10 ～ 25 cm，上部紫红色，密被蛛丝状白色长柔毛；头状花序，总苞钟状。
果：瘦果倒卵状披针形，暗褐色，上部具小刺，下部具成行排列的小瘤，顶端逐渐收缩为长约 1 mm 的圆锥至圆柱形喙基，喙长 6 ～ 10 mm。
花果期：5—10 月。

2.27 乳苣

乳苣，菊科乳苣属多年生草本植物；拉丁名：*Lactuca tatarica*，别名：蒙山莴苣、紫花山莴苣、苦菜。

根茎：根垂直直伸；茎直立，高 15 ~ 60 cm，有细条棱或条纹，上部有圆锥状花序分枝，全部茎枝光滑无毛。

叶：中下部茎叶长椭圆形或线状长椭圆形或线形，基部渐狭成短柄，羽状浅裂或半裂或边缘有多数或少数大锯齿。

花：头状花序约含 20 枚小花，多数，在茎枝顶端狭或宽圆锥状花序；总苞圆柱状或楔形，果期不为卵球形；总苞片 4 层，不成明显的覆瓦状排列。

果：瘦果长圆状披针形，扁状，灰黑色，每面有 5 ~ 7 条高起的纵肋，中肋稍粗厚，顶端渐尖成长 1 mm 的喙。

花果期：6—9 月。

2.28 菊芋

菊芋，菊科向日葵属多年生草本植物；拉丁名：*Helianthus tuberosus*，别名：洋姜、鬼子姜。

根茎：有块状的地下茎及纤维状根；茎直立，高 1 ～ 3 m，有分枝，被白色短糙毛或刚毛。

叶：通常对生，有叶柄；上部叶互生；下部叶卵圆形或卵状椭圆形，有长柄，基部宽楔形或圆形。

花：头状花序较大，少数或多数，单生于枝端，有 1 ～ 2 片线状披针形的苞叶，直立，总苞片多层，披针形。

果：瘦果小，楔形，上端有 2 ～ 4 片有毛的锥状扁芒。

花果期：8—9 月。

2.29 向日葵

向日葵，菊科向日葵属一年生高大草本植物；拉丁名：*Helianthus annuus*。

根茎：茎直立粗壮，高 1 ～ 3 m，被白色粗硬毛，不分枝或有时上部分枝。
叶：互生，心状卵圆形或卵圆形，顶端急尖或渐尖，有三基出脉，边缘有粗锯齿，两面被短糙毛，有长柄。
花：头状花序极大，单生于茎端或枝端，常下倾；总苞片多层，叶质，覆瓦状排列，卵形至卵状披针形。
果：瘦果倒卵形或卵状长圆形，扁状，有细肋，常被白色短柔毛，上端有 2 个膜片状早落的冠毛。
花果期：花期 7—9 月，果期 8—9 月。

2.30 旋覆花

旋覆花，菊科旋覆花属多年生草本植物；拉丁名：*Inula japonica*，别名：金佛花、金佛草。

根茎：根状茎短，横走或斜升，有多少粗壮的须根；茎单生，高 30 ～ 70 cm。
叶：基部叶较小，常在花期枯萎；中部叶长圆形，长圆状披针形或披针形；上部叶渐狭小，线状披针形。
花：头状花序直径 3 ～ 4 cm，多数或少数排列成疏散的伞房花序，花序梗细长；总苞半球形，总苞片约 6 层，线状披针形。
果：瘦果长 1 ～ 1.2 mm，圆柱形，顶端截形，被疏短毛。
花果期：9—11 月。

2.31 蒙古鸦葱

蒙古鸦葱，菊科鸦葱属多年生草本植物；拉丁名：*Scorzonera mongolica*。

根茎：根垂直直伸，圆柱状；茎多数，高 5 ～ 35 cm，直立或铺散，上部有分枝，分枝少数，全部茎枝灰绿色，光滑，无毛；茎基部被褐色或淡黄色的鞘状残遗。

叶：基生叶长椭圆形或长椭圆状披针形或线状披针形，顶端渐尖，基部渐狭成长或短柄，柄基鞘状扩大。

花：头状花序单生于茎端，或茎生 2 枚头状花序，成聚伞花序状排列，含 19 枚舌状小花；总苞狭圆柱状，总苞片 4 ～ 5 层，外层小，卵形、宽卵形，中层长椭圆形或披针形。

果：瘦果圆柱状，淡黄色，有多数高起纵肋，无脊瘤，顶端被稀疏柔毛，成熟瘦果常无毛。

花果期：4—8 月。

3

Atlas of Common Plants in Tianjin Beidagang Wetland Nature Reserve

藜科

3.1 中亚滨藜

中亚滨藜，苋科滨藜属一年生草本植物；拉丁名：*Atriplex centralasiatica*。

根茎：茎通常自基部分枝，高 15 ～ 30 cm；枝钝四棱形，黄绿色，无色条，有粉或下部近无粉。

叶：有短柄，枝上部的叶近无柄；叶片卵状三角形至菱状卵形，边缘具疏锯齿。

花：花集成腋生团伞花序，苞柄长 1 ～ 3 mm。

果：胞果扁平，宽卵形或圆形，果皮膜质，白色，与种子贴伏；种子直立，红褐色或黄褐色。

花果期：花期 7—8 月，果期 8—9 月。

3.2 滨藜

滨藜，藜科滨藜属一年生草本植物；拉丁名：*Atriplex patens*。

根茎：茎直立或外倾，高 20 ～ 60 cm，无粉或稍有粉，具绿色色条及条棱，通常上部分枝；枝细瘦，斜上。

叶：互生，或在茎基部近对生；叶片披针形至条形，先端渐尖或微钝，基部渐狭，两面均为绿色，边缘具不规则的弯锯齿或微锯齿，有时几全缘。

花：穗状花序，或有短分枝，通常紧密，于茎上部再集成穗状圆锥状花序；花序轴有密粉。

果：种子二型，扁平，圆形，或双凸镜形，黑色或红褐色，有细点纹，直径 1 ～ 2 mm。

花果期：8—10 月。

3.3 地肤

地肤，藜科地肤属一年生草本植物；拉丁名：*Kochia scoparia*，别名：地麦、落帚、扫帚苗、扫帚菜、孔雀松；地肤另有一变种碱地肤，变种与原种的区别在于，花下有较密的束生锈色柔毛。

根茎：根略呈纺锤形；茎直立，高 50 ～ 100 cm，圆柱状，淡绿色或带紫红色，有多数条棱，稍有短柔毛或下部几无毛；分枝稀疏，斜上升。

叶：平面叶，披针形或条状披针形；茎上部叶较小，无柄，1 脉。

花：两性或雌性，通常 1 ～ 3 枚生于上部叶腋，构成疏穗状圆锥状花序，花下有时有锈色长柔毛；花被近球形，淡绿色。

果：胞果扁球形，果皮膜质，与种子离生；种子卵形，黑褐色，稍有光泽；胚环形，胚乳块状。

花果期：7—10 月。

3.4 碱蓬

碱蓬，藜科碱蓬属一年生草本植物；拉丁名：*Suaeda glauca*，别名：灰绿碱蓬。

根茎：茎直立，高可达 1 m，粗壮，圆柱状，浅绿色，有条棱，上部多分枝；枝细长，上升或斜伸。
叶：丝状条形，半圆柱状，灰绿色，光滑无毛，稍向上弯曲，先端微尖，基部稍收缩。
花：两性，兼有雌性，大多着生于叶的近基部处。
果：胞果包在花被内，果皮膜质；种子横生或斜生，表面具清晰的颗粒状点纹，稍有光泽；胚乳很少。
花果期：7—9 月。

3.5 盐地碱蓬

盐地碱蓬，藜科碱蓬属一年生草本植物；拉丁名：*Suaeda salsa*，别名：翅碱蓬（东北地区）、黄须菜（河北省）、碱葱（内蒙古自治区）。

根茎：茎直立，高 20～80 cm，绿色或紫红色，圆柱状，黄褐色，有微条棱，无毛；分枝多集中于茎的上部，细瘦，开散或斜升。

叶：条形，半圆柱状，先端尖或微钝，无柄，枝上部的叶较短。

花：团伞花序通常含 3～5 枚花，腋生，在分枝上排列成有间断的穗状花序，花两性，有时兼有雌性；花被半球形，底面平；花药卵形或矩圆形。

果：胞果包于花被内；果皮膜质，果实成熟后常常破裂而露出种子；种子横生，双凸镜形或歪卵形。

花果期：7—10 月。

3.6 灰绿藜

灰绿藜，藜科藜属一年生草本植物；拉丁名：*Chenopodium glaucum*，别名：盐灰菜。

根茎：茎通常自基部分枝，高 20 ～ 40 cm，平铺或斜升；有暗绿色或紫红色条纹。
叶：互生有短柄；叶片厚，带肉质，椭圆状卵形至卵状披针形，顶端急尖或钝，边缘有波状齿，基部渐狭，中脉明显；叶柄短。
花：花簇短穗状，腋生或顶生；花被裂片 3 ～ 4 片，少为 5 片。
果：胞果伸出花被片，果皮薄，黄白色；种子扁圆，暗褐色。
花果期：8—10 月。

3.7 藜

藜，藜科藜属一年生草本植物；拉丁名：*Chenopodium album*，别名：灰菜、灰藋、碱碴落藜。

根茎：茎直立，粗壮，高 30 ～ 150 cm，具条棱及绿色或紫红色色条，多分枝；枝条斜升或开展。
叶：叶片菱状卵形至宽披针形，先端急尖或微钝，基部楔形至宽楔形，边缘具不整齐锯齿；叶柄与叶片近等长，或为叶片长度的 1/2。
花：两性，簇于枝上部排列成或大或小的穗状圆锥状或圆锥状花序。
果：果皮与种子贴生；种子横生，双凸镜状，边缘钝，黑色，有光泽，表面具浅沟纹；胚环形。
花果期：5—10 月。

3.8 小藜

小藜，藜科藜属一年生草本植物；拉丁名：*Chenopodium ficifolium*，别名：苦落藜。

根茎：茎直立，具条棱，高 20 ～ 50 cm。
叶：叶片卵状矩圆形，长 2.5 ～ 5 cm，宽 1 ～ 3.5 cm，通常三浅裂；中裂片两边近平行，先端钝或急尖并具短尖头，边缘具深波状锯齿；侧裂片位于中部以下，通常各具 2 浅裂齿。
花：两性，数个团集，排列于上部的枝上形成较开展的顶生圆锥状花序；花被近球形，5 深裂，裂片宽卵形。
果：胞果包在花被内，果皮与种子贴生；种子双凸镜状，黑色，有光泽，直径约 1 mm，边缘微钝，表面具六角形细洼。
花果期：4—10 月。

3.9 尖头叶藜

尖头叶藜，藜科藜属一年生草本植物；拉丁名：*Chenopodium acuminatum*。

根茎：茎直立，高 20 ～ 80 cm，具条棱及绿色色条，有时色条带紫红色，多分枝；枝斜升，较细瘦。

叶：叶片宽卵形至卵形，茎上部叶片有时呈卵状披针形，长 2 ～ 4 cm，宽 1 ～ 3 cm，先端急尖或短渐尖，有一短尖头，基部宽楔形、圆形或近截形，上面无粉，浅绿色，下面多少有粉，灰白色，全缘并具半透明的环边；叶柄长 1.5 ～ 2.5 cm。

花：两性，团伞花序于枝上部排列成紧密的或有间断的穗状或穗状圆锥状花序，花序轴（或仅在花间）具圆柱状毛束；花被被扁球形，5 深裂，裂片宽卵形，边缘膜质，并有红色或黄色粉粒。

果：胞果顶基扁，圆形或卵形；种子横生，直径约 1 mm，黑色，有光泽，表面略具点纹。

花果期：花期 6—7 月，果期 8—9 月。

3.10 东亚市藜

东亚市藜，藜科藜属一年生草本植物；拉丁名：*Chenopodium urbicum* subsp. *Sinicum*。

根茎：茎粗壮，高 30 ～ 100 cm，具显著的沟棱，直立，单一或分枝，无毛。
叶：互生，具长柄；叶片长圆状三角形或长三角状戟形，基部两侧骤狭而成楔形，边缘具不整齐的弯缺状三牙齿，自基部分生的三条脉特别显明。
花：花序以顶生穗状圆锥状花序为主，花簇由多数花密集而成。
果：种子横生、斜生及直立，边缘锐，表面点纹清晰。
花果期：7—10 月。

3.11 盐角草

盐角草，藜科盐角草属一年生草本植物；拉丁名：*Salicornia europaea*。

根茎：茎直立，高 10 ～ 35 cm，多分枝；枝肉质，苍绿色。
叶：叶不发育，鳞片状，顶端锐尖，基部连合成鞘状，边缘膜质。
花：穗状花序，有短柄；腋生，每 1 苞片内有 3 枚花，集成 1 簇，陷入花序轴内，中间的花较大，位于上部，两侧的花较小，位于下部。
果：种子矩圆状卵形，种皮近革质。
花果期：6—8 月。

3.12 猪毛菜

猪毛菜，藜科猪毛菜属一年生草本植物；拉丁名：*Salsola collina*，别名：扎蓬棵、刺蓬、三叉明棵、猪毛缨、叉明棵、猴子毛、蓬子菜、乍蓬棵子、蓬豆芽等。

根茎：茎自基部分枝，高 20 ～ 100 cm；枝互生，伸展；茎、枝绿色，有白色或紫红色条纹，生短硬毛或近于无毛。

叶：叶片丝状圆柱形，伸展或微弯曲，长 2 ～ 5 cm，宽 0.5 ～ 1.5 mm，生短硬毛，顶端有刺状尖，基部边缘膜质，稍扩展而下延。

花：穗状花序，生枝条上部；苞片卵形，小苞片狭披针形，花被片卵状披针形。

果：种子横生或斜生。

花果期：花期 7—9 月，果期 9—10 月。

4

Atlas of Common Plants in Tianjin
Beidagang Wetland Nature Reserve

豆科

4.1 草木犀

草木犀，豆科草木犀属，一年生或二年生草本植物；拉丁名：*Melilotus officinalis*。

根茎：茎直立，多分枝，通常高 50 ～ 120 cm，最高可达 2 m 以上；主根深达 2 m。
叶：羽状三出复叶，小叶椭圆形或倒披针形，先端钝，基部楔形，叶缘有疏齿，托叶条形。
花：总状花序腋生或顶生，长而纤细；花小，长 3 ～ 4 mm；花萼钟状，具 5 齿，花冠蝶形，黄色，旗瓣长于翼瓣。
果：荚果卵形或近球形，成熟时近黑色，具网纹，含种子 1 粒。

4.2 细齿草木犀

细齿草木犀，豆科草木犀属二年生草本植物；拉丁名：*Melilotus dentatus*。

根茎：茎直立，高可达 80 cm，圆柱形，无毛。
叶：羽状三出复叶；托叶较大，披针形至狭三角形，叶柄细，小叶长椭圆形至长圆状披针形，先端圆，中脉从顶端伸出成细尖，上面无毛，下面稀被细柔毛，顶生小叶稍大，具较长的小叶柄。
花：总状花序腋生，排列疏松；苞片刺毛状，被细柔毛；花萼钟形，萼齿三角形，比萼筒短或等长；花冠黄色，旗瓣长圆形。
果：荚果近圆形至卵形，长 4 ～ 5 mm，宽 2 ～ 2.5 mm，先端圆，表面具网状细脉纹，褐色；种子 1 ～ 2 粒，种子圆形，直径约 1.5 mm，橄榄绿色。
花果期：7—9 月。

4.3 刺槐

刺槐，豆科刺槐属落叶乔木；拉丁名：*Robinia pseudoacacia*，别名：洋槐。

根茎：高 10 ～ 25 m；树皮灰褐色至黑褐色，浅裂至深纵裂；小枝灰褐色，幼时有棱脊，微被毛，后无毛；具托叶刺，长达 2 cm；冬芽小，被毛。

叶：羽状复叶长 10 ～ 25（40）cm；叶轴上面具沟槽；小叶 2 ～ 12 对，常对生，椭圆形、长椭圆形或卵形；小叶柄长 1 ～ 3 mm；小托叶针芒状。

花：花序腋生；苞片早落；花梗长 7 ～ 8 mm；花萼斜钟状，长 7 ～ 9 mm，具 5 齿，三角形至卵状三角形，密被柔毛。

果：荚果褐色，或具红褐色斑纹，线状长圆形，扁平，先端上弯，具尖头，果颈短；种子褐色至黑褐色，微具光泽，近肾形，种脐圆形，偏于一端。

4.4 红花刺槐

红花刺槐，豆科刺槐属二年生落叶乔木；拉丁名：*Robinia pseudoacacia* f. *decaisneana*，别名：毛刺槐、毛洋槐。

根茎：茎高 1 ～ 3 m；幼枝绿色，密被紫红色硬腺毛及白色曲柔毛，枝深灰褐色，密被褐色刚毛，毛长 2 ～ 5 mm，羽状复叶长 15 ～ 30 cm。
叶：叶轴被刚毛及白色短曲柔毛，小叶 5 ～ 7（8）对，椭圆形、卵形、阔卵形至近圆形，通常叶轴下部 1 对小叶最小，两端圆，先端芒尖。
花：总状花序腋生，均被紫红色腺毛及白色细柔毛；苞片卵状披针形；花萼紫红色，斜钟形，萼齿卵状三角形；花冠红色至玫瑰红色，旗瓣近肾形，先端凹缺，翼瓣镰形；龙骨瓣近三角形，花药椭圆形。
果：荚果线形，扁平，密被腺刚毛，先端急尖，果颈短，种子 3 ～ 5 粒。
花果期；花期 5—6 月，果期 7—10 月。

4.5 野大豆

野大豆，豆科大豆属一年生缠绕草本植物；拉丁名：*Glycine soja*，别名：豆、乌豆、野黄豆等。

根茎：茎高 1 ～ 4 m；茎、小枝纤细，全体疏被褐色长硬毛。
叶：具 3 小叶，托叶卵状披针形；顶生小叶卵圆形或卵状披针形，先端锐尖至钝圆，侧生小叶斜卵状披针形。
花：总状花序通常短，苞片披针形，花萼钟状，花冠淡红紫色或白色，旗瓣近圆形，花柱短而向一侧弯曲。
果：荚果长圆形，两侧稍扁，密被长硬毛，种子间稍缢缩；种子 2 ～ 3 粒，椭圆形，稍扁，褐色至黑色。
花果期：花期 7—8 月，果期 8—10 月。

4.6 大豆

大豆，豆科大豆属一年生草本植物；拉丁名：*Glycine max*，别名：黄豆。

根茎：茎粗壮，直立，或上部近缠绕状，高 30 ～ 90 cm，上部多具棱，密被褐色长硬毛。
叶：通常具 3 小叶；托叶宽卵形，渐尖，具脉纹，被黄色柔毛；小叶纸质，宽卵形，近圆形或椭圆状披针形，顶生一枚较大，先端渐尖或近圆形；侧脉每边 5 条；小托叶铍针形。
花：总状花序短的少花，长的多花；苞片披针形，被糙伏毛；小苞片披针形，花萼密被长硬毛或糙伏毛。
果：荚果肥大，长圆形，黄绿色；种子 2 ～ 5 粒，椭圆形、近球形，卵圆形至长圆形，种皮光滑，淡绿色、黄色、褐色和黑色等多样，种脐明显。
花果期：花期 6—7 月，果期 7—9 月。

4.7 圆果甘草

圆果甘草，豆科甘草属多年生草本植物；拉丁名：*Glycyrrhiza squamulosa*。

根茎：根与根状茎细长，外面灰褐色，内面淡黄色，无甜味；茎直立，高30～60 cm，多分枝。

叶：长5～15 cm；托叶披针形；叶柄密被鳞片状腺点。

花：总状花序腋生，具多数花；总花梗长于叶；苞片披针形，膜质，被腺点及短柔毛；花萼钟状；花冠白色。

果：荚果近圆形或圆肾形，顶端具小短尖，成熟时褐色，表面具瘤状凸起，密被黄色鳞片状腺点；种子2粒，绿色，肾形。

花果期：花期5—7月，果期6—9月。

4.8 合欢

合欢，豆科合欢属落叶乔木；拉丁名：*Albizia julibrissin*，别名：绒花树，马缨花。

根茎：树干灰黑色，高可达 16m；树冠开展；小枝有棱角，嫩枝、花序和叶轴被绒毛或短柔毛。

叶：托叶线状披针形，较小叶小；二回羽状复叶，互生；总叶柄长 3 ～ 5 cm，总花柄近基部及最顶 1 对羽片着生处各有一枚腺体；小叶 10 ～ 30 对，线形至长圆形，向上偏斜，先端有小尖头，有缘毛；中脉紧靠上边缘。

花：头状花序在枝顶排成圆锥花序；花粉红色；花萼管状，花萼、花冠外均被短柔毛；花柱几乎与花丝等长，柱头圆柱形。

果：荚果带状，嫩荚有柔毛，老荚无毛。

花果期：花期 6—7 月，果期 8—10 月。

4.9 槐

槐，豆科槐属乔木，拉丁名：*Styphnolobium japonicum*，别名：国槐。

根茎：树型高大，高达 25 m；树皮灰褐色，具纵裂纹；当年生枝绿色，无毛。
叶：羽状复叶长达 25 cm；叶柄基部膨大，包裹着芽；托叶形状多变；小叶 4～7 对，对生或近互生，纸质，卵状披针形或卵状长圆形；小托叶 2 枚，钻状。
花：圆锥状花序顶生，常呈金字塔形，花梗比花萼短，小苞片形似小托叶，花萼浅钟状，花冠白色或淡黄色，旗瓣近圆形。
果：荚果串珠状，种子间缢缩不明显，种子排列较紧密，具肉质果皮，成熟后不开裂，种子 1～6 粒；种子卵球形，淡黄绿色，干后黑褐色。
花果期：花期 6—7 月，果期 8—10 月。

4.10 金枝国槐

金枝国槐，豆科槐属乔木；拉丁名：*Styphnolobium japonicum* ‘Golden Stem’。

根茎：树茎、枝一年生为淡绿黄色，入冬后渐转黄色，二年生的树茎、枝为金黄色，树皮光滑；树干墙直，树形自然开张，树态苍劲挺拔，树繁叶茂；主侧根系发达。
叶：互生，6～16 片组成羽状复叶，叶椭圆形，光滑，淡黄绿色。
花：圆锥状花序，顶生，花梗较短，花萼呈吊钟状，具灰色绒毛，花冠黄色，具短的小柄。
果：荚果，串状，种间缢缩不明显，种子排列较紧密，果皮肉质，成熟后不开裂，种子椭圆形。
花果期：花期 5—8 月，果期 8—10 月。

4.11 兴安胡枝子

兴安胡枝子，豆科胡枝子属灌木；拉丁名：*Lespedeza davurica*，别名：达乌里胡枝子。

茎根：茎通常稍斜升，高可达 1 m。
叶：羽状复叶，托叶线形，小叶片长圆形或狭长圆形，上面无毛，下面被贴伏的短柔毛；顶生小叶较大。
花：总状花序腋生；总花梗密生短柔毛；小苞片披针状线形，有毛；花萼外面被白毛，萼裂片披针形，花冠白色或黄白色，旗瓣长圆形，翼瓣长圆形，龙骨瓣比翼瓣长，先端圆形。
果：荚果小，倒卵形或长倒卵形，基部稍狭，两面凸起，有毛。
花果期：花期 7—8 月，果期 9—10 月。

4.12 野豇豆

野豇豆，豆科豇豆属多年生攀援或蔓生草本植物；拉丁名：*Vigna vexillata*，别名：山土瓜、野绿豆、野豆子、鼠尾豆、野刚豆子、六豆参。

根茎：根纺锤形，木质；茎被开展的棕色刚毛，老时渐变为无毛。
叶：羽状复叶具 3 小叶；托叶卵形至卵状披针形，基着，长 3 ～ 5 mm，基部心形或耳状，被缘毛；小叶膜质，形状变化较大，卵形至披针形，长 4 ～ 9（15）cm，宽 2 ～ 2.5cm，先端急尖或渐尖，基部圆形或楔形，通常全缘，少数微具 3 裂片，两面被棕色或灰色柔毛；叶柄长 1 ～ 11 cm；叶轴长 0.4 ～ 3 cm；小叶柄长 2 ～ 4 mm。
花：花序腋生，有 2 ～ 4 枚生于花序轴顶部的花，使花序近伞形；总花梗长 5 ～ 20 cm；花萼被棕色或白色刚毛，稀变无毛，萼管长 5 ～ 7 mm，裂片线形或线状披针形，长 2 ～ 5 mm，上方的 2 枚基部合生；旗瓣黄色、粉红色或紫色，有时在基部内面具黄色或紫红斑点，长 2 ～ 3.5 cm，宽 2 ～ 4 cm。
果：荚果直立，线状圆柱形，长 4 ～ 14 cm，宽 2.5 ～ 4 mm，被刚毛；种子 10 ～ 18 粒，浅黄至黑色，无斑点或棕色至深红色而有黑色之溅点，长圆形或肾形，长 2 ～ 4.5 mm。
花期：7—9 月。

4.13 紫苜蓿

紫苜蓿，豆科苜蓿属多年生草本植物；拉丁名：*Medicago sativa*。

根茎：根粗壮，深入土层，根茎发达；茎直立、丛生以至平卧，多分枝，高30～100 cm，四棱形，无毛或微被柔毛。
叶：羽状三出复叶；托叶大，卵状披针形，叶柄比小叶短；小叶长卵形、倒长卵形至线状卵形，或顶生小叶稍大，纸质，先端钝圆。
花：花序总状或头状，总花梗挺直，苞片线状锥形，花梗短，萼钟形，萼齿线状锥形；花冠各色，淡黄、深蓝至暗紫色，花柱短阔，胚珠多数。
果：荚果螺旋状紧卷2～4（6）圈，中央无孔或近无孔，被柔毛或渐脱落，脉纹细，熟时棕色；有种子10～20粒；种子卵形，平滑，黄色或棕色。
花果期：花期5—7月，果期6—8月。

4.14 紫穗槐

紫穗槐，豆科紫穗槐属落叶灌木；拉丁名：*Amorpha fruticosa*。

根茎：丛生，高 1 ～ 4 m，小枝灰褐色，被疏毛，后变无毛，嫩枝密被短柔毛。
叶：互生，奇数羽状复叶，基部有线形托叶；小叶卵形或椭圆形，先端圆形，锐尖或微凹。
花：穗状花序常 1 至数个顶生和枝端腋生；花有短梗；萼齿三角形，较萼筒短；旗瓣心形，紫色。
果：荚果下垂，微弯曲，顶端具小尖，棕褐色，表面有凸起的疣状腺点。
花果期：5—10 月。

4.15 决明

决明，豆科决明属一年生亚灌木状草本植物；拉丁名：*Senna tora*。

根茎：茎直立、粗壮，高 1 ～ 2 m。
叶：长 4 ～ 8 cm；叶轴上每对小叶间有棒状的腺体 1 枚；小叶 3 对，膜质，倒卵形或倒卵状长椭圆形，长 2 ～ 6 cm，宽 1.5 ～ 2.5 cm，顶端圆钝而有小尖头，基部渐狭，偏斜，上面被稀疏柔毛，下面被柔毛；小叶柄长 1.5 ～ 2 mm。
花：腋生，通常 2 枚簇生；总花梗长 6 ～ 10 mm；萼片稍不等大，卵形或卵状长圆形，膜质，外面被柔毛，长约 8 mm；花瓣黄色，下面两片略长，长 12 ～ 15 mm，宽 5 ～ 7 mm。
果：荚果纤细，近四棱形，两端渐尖，长达 15 cm，宽 3 ～ 4 mm，膜质；种子约 25 粒，菱形，光亮。
花果期：8—11 月。

5

Atlas of Common Plants in Tianjin Beidagang Wetland Nature Reserve

蔷薇科

5.1 朝天委陵菜

朝天委陵菜，蔷薇科委陵菜属一年生或二年生草本植物；拉丁名：*Potentilla supina*。

根茎：长 20 ～ 50 cm；主根细长，并有稀疏侧根；茎平展，上升或直立，叉状分枝，被疏柔毛或脱落几无毛。
叶：基生叶羽状复叶，小叶互生或对生，无柄，小叶片长圆形或倒卵状长圆形，边缘有圆钝或缺刻状锯齿；茎生叶与基生叶相似，向上小叶对数逐渐减少。
花：茎上多叶，下部花自叶腋生；萼片三角卵形，顶端急尖，副萼片长椭圆形或椭圆披针形，花瓣黄色，倒卵形，花柱近顶生，花柱扩大。
果：瘦果长圆形，先端尖，表面具脉纹，腹部鼓胀若翅或有时不明显。
花果期：3—10 月。

5.2 紫叶李

紫叶李，蔷薇科李属灌木或小乔木；拉丁名：*Prunus cerasifera* f. *atropurpurea*，别名：红叶李。

根茎：高可达 8 m，多分枝，枝条细长，开展，暗灰色；小枝暗红色，无毛；冬芽卵圆形，有数枚覆瓦状排列鳞片，紫红色，有时鳞片边缘有稀疏缘毛。
叶：叶片椭圆形、卵形或倒卵形，先端急尖，基部楔形或近圆形；叶柄通常无毛或幼时微被短柔毛，无腺；托叶膜质，披针形。
花：花 1 枚，稀 2 枚；花梗无毛或微被短柔毛；萼筒钟状，萼片长卵形；花瓣白色，长圆形或匙形。
果：核果近球形或椭圆形，黄色、红色或黑色，具有浅侧沟，粘核；核椭圆形或卵球形，先端急尖，浅褐带白色。
花果期：花期 4 月，果期 8 月。

5.3 碧桃

碧桃，蔷薇科桃属乔木；拉丁名：*Amygdalus persica* 'Duplex'，植物桃的变种，属于观赏桃花类的半重瓣及重瓣品种，统称为碧桃，常见的品种有红花绿叶碧桃、红花红叶碧桃。

根茎：高可达 8 m，一般整型后控制在 3 ～ 4 m，树冠广卵形，树皮灰褐色；枝条红褐色，无毛。

叶：叶片长圆披针形、椭圆披针形或倒卵状披针形，先端渐尖，基部宽楔形，叶边具细锯齿或粗锯齿，齿端具腺体或无腺体；叶柄粗壮。

花：单生或双生于叶腋；有单瓣、半重瓣和重瓣，春季先叶或与叶同时开放；花色有白色、粉红色、红色和红白相间等色。

果：果实卵形、宽椭圆形或扁圆形，色泽变化由淡绿白色至橙黄色；核大，椭圆形或近圆形。

花果期：花期 3—4 月，果期 8—9 月。

5.4 桃

桃，蔷薇科桃属乔木；拉丁名：*Amygdalus persica*。

根茎：高 3 ～ 8 m，树冠宽广而平展，树皮暗红褐色，老时粗糙呈鳞片状；小枝细长，无毛，有光泽，绿色，向阳处转变成红色，具大量小皮孔。

叶：叶片长圆披针形、椭圆披针形或倒卵状披针形，长 7 ～ 15 cm，宽 2 ～ 3.5 cm，先端渐尖，基部宽楔形，上面无毛，下面在脉腋间具少数短柔毛或无毛，叶边具细锯齿或粗锯齿，齿端具腺体或无腺体；叶柄粗壮，长 1 ～ 2 cm。

花：单生，先于叶开放，直径 2.5 ～ 3.5 cm；花瓣长圆状椭圆形至宽倒卵形，粉红色，罕为白色；雄蕊 20 ～ 30 mm，花药绯红色。

果：果实形状和大小均有变异，卵形、宽椭圆形或扁圆形，直径（3）5 ～ 7（12）cm，长几平与宽相等，色泽变化由淡绿白色至橙黄色，常在向阳面具红晕，外面密被短柔毛，稀无毛，腹缝明显，果梗短而深入果洼；果肉白色、浅绿白色、黄色、橙黄色或红色，多汁有香味，甜或酸甜。

花果期：花期 3—4 月，果实成熟期因品种而异，通常为 8—9 月。

5.5 山桃

山桃，蔷薇科桃属乔木；拉丁名：*Amygdalus davidiana*。

根茎：高可达 10 m；树冠开展，树皮暗紫色，光滑；小枝细长，直立，幼时无毛，老时褐色。

叶：叶片卵状披针形，先端渐尖，两面无毛，叶边锯齿；叶柄无毛。

花：单生，先于叶开放，花萼无毛；萼筒钟形；萼片卵形至卵状长圆形，紫色，花瓣倒卵形或近圆形，粉红色。

果：近球形，淡黄色，果肉薄而干，不可食，成熟时不开裂。

花果期：花期 3—4 月，果期 7—8 月。

5.6 榆叶梅

榆叶梅，蔷薇科桃属灌木稀小乔木；拉丁名：*Amygdalus triloba*，别名：小桃红。

根茎：高 2 ～ 3 m，枝条开展，具多数短小枝；小枝灰色，一年生枝灰褐色，无毛或幼时微被短柔毛；冬芽短小，长 2 ～ 3 mm。
叶：短枝上的叶常簇生，一年生枝上的叶互生；叶片宽椭圆形至倒卵形。
花：1 ～ 2 枚，先于叶开放，萼筒宽钟形，无毛或幼时微具毛；萼片卵形或卵状披针形，花瓣近圆形或宽倒卵形。
果：果实近球形，顶端具短小尖头，红色，外被短柔毛；果肉薄，成熟时开裂；核近球形，具厚硬壳。
花果期：花期 4—5 月，果期 5—7 月。

5.7 白梨

白梨，蔷薇科梨属二年生乔木；拉丁名：*Pyrus bretschneideri*。

根茎：树冠开展，高 5 ～ 8 m，枝紫褐色。
叶：叶片卵形或椭圆卵形，叶柄嫩时密被绒毛，线形至线状披针形。
花：伞形总状花序。
果：果实黄色，卵形或近球形有细密斑点，种子褐色倒卵形。
花果期：花期 4 月，果期 8—9 月。

5.8 花红

花红，蔷薇科苹果属落叶乔木；拉丁名：*Malus asiatica*。

根茎：高 4 ～ 6 m；小枝粗壮，圆柱形，嫩枝密被柔毛；老枝暗紫褐色，无毛，有稀疏浅色皮孔。

叶：卵形或椭圆形；冬芽卵形，先端急尖，初时密被柔毛，逐渐脱落，灰红色。

花：粉红色，伞房花序，集生在小枝顶端；萼筒钟状，萼片三角披针形，萼片比萼筒稍长；花瓣倒卵形或长圆倒卵形，基部有短爪。

果：球形，黄绿色带微红，果皮脆而韧，果肉黄白色，有清香味。

花果期：花期 4—5 月，果期 8—9 月。

5.9 苹果

苹果，蔷薇科苹果属落叶乔木；拉丁名：*Malus pumila*。

根茎：高 15 m；多具有圆形树冠和短主干；小枝短而粗，圆柱形，幼嫩时密被绒毛，老枝紫褐色，无毛。

叶：叶序为单叶互生，椭圆形到卵形，先端尖，缘有圆钝锯齿，幼时两面有毛，后表面光滑，暗绿色。

花：白色带红晕，花梗与花萼均具有灰白色绒毛，萼叶长尖，大多数品种自花不育，需种植授粉树。

果：略扁之球形，直径 5 cm 以上，两端均凹陷，端部常有棱脊。

花果期：花期 4—6 月，果期 7—11 月。

5.10 楸子

楸子，蔷薇科苹果属落叶乔木；拉丁名：*Malus prunifolia*。

根茎：嫩枝密被短柔毛，老枝无毛。
叶：卵形或椭圆形，长 5 ～ 9 cm，有细锐锯齿，幼时两面中脉及侧脉具柔毛，渐脱落，仅下面中脉稍具短柔毛或近无毛；叶柄长 1 ～ 5 cm，嫩时密被柔毛，老时脱落。
花：4 ～ 10 枚，花梗长 2 ～ 3.5 cm，被短柔毛；苞片线状披针形，微被柔毛，早落；花径长 4 ～ 5 cm；萼片披针形或三角披针形，长 7 ～ 9 cm，两面均被柔毛，萼片比被丝托长：花瓣倒卵形或椭圆形，长 2.5 ～ 3 cm，基部有短爪，白色，含苞未放时粉红色。
果：卵圆形，直径 2 ～ 2.5 cm，红色，顶端渐窄，稍隆起，萼洼微突，宿萼肥厚，果柄细长。
花果期：花期 4—5 月，果期 8—9 月。

5.11 杏

杏，蔷薇科杏属一年生落叶乔木；拉丁名：*Armeniaca vulgaris*。

根茎：高 5 ～ 18（12）m；树冠圆形、扁圆形或长圆形；树皮灰褐色，纵裂；多年生枝浅褐色，皮孔大而横生，枝浅红褐色，有光泽，无毛，具多数小皮孔。
叶：互生，阔卵形或圆卵形叶子，边缘有钝锯齿；近叶柄顶端有二腺体。
花：淡红色花，单生或 2 ～ 3 枚同生，白色或微红色；先于叶开放；花梗短，花萼紫绿色，萼筒圆筒形，萼片卵形至卵状长圆形，花瓣圆形至倒卵形，花柱稍长或几与雄蕊等长，下部具柔毛。
果：圆、长圆或扁圆形核果，果皮多为白色、黄色至黄红色，向阳部常具红晕和斑点；核面平滑没有斑孔，核缘厚而有沟纹。
花果期：花期 3—4 月，果期 6—7 月。

Atlas of Common Plants in Tianjin
Beidagang Wetland Nature Reserve

6 蓼科

6.1 萹蓄

萹蓄，蓼科蓼属一年生草本植物；拉丁名：*Polygonum aviculare*。

根茎：茎平卧、上升或直立，高 10 ～ 40 cm，自基部多分枝，具纵棱。

叶：互生，叶柄短；叶片披针形至椭圆形，托鞘膜质，抱茎；下部绿色，上部透明无色；具明显脉纹，其上之多数平行脉常伸出成丝状裂片。

花：6 ～ 10 枚簇生于叶腋；花梗短；苞片及小苞片均为白色透明膜质；花被绿色，花柱短。

果：瘦果包围于宿存花被内，仅顶端小部分外露，卵形，黑褐色，具细纹及小点。

花果期：花期 6—8 月，果期 9—10 月。

6.2 酸模叶蓼

酸模叶蓼，蓼科蓼属一年生草本植物；拉丁名：*Polygonum lapathifolium*。

根茎：茎直立，高 40 ～ 90 cm，具分枝，无毛，节部膨大。
叶：披针形或宽披针形，长 5 ～ 15 cm，宽 1 ～ 3 cm；顶端渐尖或急尖，基部楔形；上面绿色，常有一个大的黑褐色新月形斑点；叶柄短，具短硬伏毛；托叶鞘筒状。
花：总状花序呈穗状；顶生或腋生，近直立；花紧密，通常由数个花穗再组成圆锥状；花序梗被腺体；苞片漏斗状。
果：瘦果宽卵形，双凹，黑褐色，有光泽，包于宿存花被内。
花果期：花期 6—8 月，果期 7—9 月。

6.3 绵毛酸模叶蓼

绵毛酸模叶蓼，蓼科蓼属一年生草本植物；拉丁名：*Polygonum lapathifolium* var. *salicifolium*。

本变种是蓼科蓼属下的一个变种。与原种的区别是叶下面密生白色绵毛，其余皆相同。

6.4 柳叶刺蓼

柳叶刺蓼，蓼科蓼属一年生草本植物；拉丁名：*Polygonum bungeanum*。

根茎：茎直立或上升，高可达 90 cm，疏生倒向钩刺。
叶：叶片披针形或长圆状披针形，长 3 ～ 13 cm，宽 1 ～ 2.5 cm，先端短渐尖或稍钝，基部楔形，边缘具短缘毛；叶密生短硬伏毛；托叶鞘筒状，膜质。
花：总状花序呈穗状，顶生或腋生，花序梗密被腺毛；花排列稀疏，花梗粗壮，苞片漏斗状，花被片椭圆形，白色或淡红色。
花果期：7—9 月。

6.5 红蓼

红蓼，蓼科蓼属一年生草本植物；拉丁名：*Polygonum orientale*。

根茎：茎直立，粗壮，高 1 ～ 2 m，上部多分枝，密被开展的长柔毛。
叶：宽卵形、宽椭圆形或卵状披针形，顶端渐尖，基部圆形或近心形，微下延；托叶鞘筒状，膜质，被长柔毛，具长缘毛，通常沿顶端具草质、绿色的翅。
花：总状花序呈穗状，顶生或腋生，花紧密，微下垂，通常数个再组成圆锥状；苞片宽漏斗状，花梗比苞片长；花被片椭圆形。
果：瘦果近圆形，双凹，直径长 3 ～ 3.5 mm，黑褐色，有光泽，包于宿存花被内。
花果期：花期 6—9 月，果期 8—10 月。

6.6 西伯利亚蓼

西伯利亚蓼，蓼科蓼属多年生草本植物；拉丁名：*Polygonum sibiricum*。

根茎：根状茎细长，高 10 ～ 25 cm；茎外倾或近直立，自基部分枝，无毛。

叶：叶片长椭圆形或披针形，无毛，顶端急尖或钝，基部戟形或楔形，边缘全缘；托叶鞘筒状，膜质，上部偏斜，开裂，无毛，易破裂。

花：圆锥状花序，顶生，花排列稀疏；苞片漏斗状，花梗短，中上部具关节；花被 5 处深裂，黄绿色，花被片长圆形。

果：瘦果卵形，具 3 棱，黑色，有光泽，包于宿存的花被内或凸出。

花果期：6—9 月。

6.7 齿果酸模

齿果酸模，蓼科酸模属一年生或多年生草本植物；拉丁名：*Rumex dentatus*，别名：牛舌草、羊蹄、齿果羊蹄，羊蹄大黄、土大黄、牛舌棵子、野甜菜、土王根、牛舌头棵等。

根茎：茎直立，高达 1 m，分枝；枝纤细，表面具沟纹，无毛。
叶：基生叶长圆形，先端钝或急尖，基部圆形或心形，边缘波状或微皱波状，两面均无毛；茎生叶渐小，具短柄，基部多为圆形；托叶鞘膜质，筒状。
花：圆锥状花序，两性，簇生于叶腋，呈轮状排列；子房具棱，柱头细裂，花被片黄绿色，外花被片长圆形，内花被片果期增大，卵形。
果：瘦果卵状三棱形，具尖锐角棱，长约 2 mm，褐色，平滑。
花果期：花期 4—5 月，果期 6 月。

6.8 皱叶酸模

皱叶酸模，蓼科酸模属多年生草本植物；拉丁名：*Rumex crispus*，别名：洋铁叶子、四季菜根、牛耳大黄根、火风棠、羊蹄根、羊蹄、牛舌片。

根茎：高 50 ～ 100 cm；直根粗壮；茎直立，有浅沟槽，通常不分枝，无毛。
叶：根生叶有长柄，叶片披针形或长圆状披针形，长 15 ～ 25 cm，宽 1.5 ～ 4 cm，两面无毛，顶端和基部都渐狭，边缘有波状皱褶；茎上部叶小，有短柄；托叶鞘，铜状，膜质。
花：花序由数个腋生的总状花序组成圆锥状花序，顶生狭长，长达 60 cm；两性，多数；花被片 6 枚，排成 2 轮，内轮花被片在果时增大，宽，顶端钝或急尖，基部心形，全缘或有不明显的齿。
果：瘦果椭圆形，有 3 棱，顶端尖，棱角锐利，长 2 mm，褐色，有光泽。
花果期：花期 6—7 月，果期 7—8 月。

6.9 羊蹄

羊蹄，蓼科酸模属多年生草本植物；拉丁名：*Rumex japonicus*。

根茎：茎直立，高 50 ～ 100 cm，上部分枝，具沟槽。
叶：基生叶长圆形或披针状长圆形，长 8 ～ 25 cm，宽 3 ～ 10 cm，顶端急尖，基部圆形或心，边缘微波状，下面沿叶脉具小凸起；茎上部叶狭长圆形；叶柄长 2 ～ 12 cm；托叶鞘膜质，易破裂。
花：圆锥状花序，两性，多花轮生；花梗细长，中下部具关节；花被片 6 枚，淡绿色，外花被片椭圆形，长 1.5 ～ 2 mm，内花被片果时增大，宽心形，长 4 ～ 5 mm，顶端渐尖，基部心形，网脉明显，边缘具不整齐的小齿，齿长 0.3 ～ 0.5 mm，全部具小瘤，小瘤长卵形，长 2 ～ 2.5 mm。
果：瘦果宽卵形，具 3 个锐棱，长约 2.5 mm，两端尖，暗褐色，有光泽。
花果期：花期 5—6 月，果期 6—7 月。

7

锦葵科

7.1 野西瓜苗

野西瓜苗，锦葵科木槿属一年生直立或平卧草本植物；拉丁名：*Hibiscus trionum*，别名：秃汉头、野芝麻、和尚头、山西瓜秧、小秋葵、香铃草、打瓜花、灯笼花等。

根茎：高 25 ～ 70 cm，茎柔软，被白色星状粗毛。
叶：二型；下部的叶圆形，不分裂；上部的叶掌状 3 ～ 5 处深裂，中裂片较长，两侧裂片较短；叶柄被星状粗硬毛和星状柔毛；托叶线形。
花：单生于叶腋，被星状粗硬毛；小苞片线形，花萼钟形，花淡黄色，内面基部紫色。
果：蒴果长圆状球形，被粗硬毛，果皮薄，黑色；种子肾形，黑色。
花果期：7—10 月。

7.2 木槿

木槿，木槿科木槿属落叶灌木；拉丁名：*Hibiscus syriacus*。

根茎：高 3 ～ 4 m，小枝密被黄色星状绒毛。
叶：菱形至三角状卵形，具深浅不同的 3 裂或不裂，先端钝，基部楔形，边缘具不整齐齿缺，下面沿叶脉微被毛或近无毛。
花：单生于枝端叶腋间，花萼钟形，花朵色彩有纯白色、淡粉红色、淡紫色、紫红色等，花形呈钟状，有单瓣、复瓣、重瓣几种。
果：蒴果卵圆形，密被黄色星状绒毛；种子肾形，背部被黄白色长柔毛。
花果期：7—10 月。

7.3 芙蓉葵

芙蓉葵，锦葵科木槿属多年生草本植物；拉丁名：*Hibiscus moscheutos*，别名：草芙蓉、大花秋葵，原产于北美。

根茎：高 1 ～ 2 m，茎亚冠木桩，粗壮，丛生，斜出，光滑被白粉。

叶：单叶互生，长 8 ～ 22 cm，叶背及柄生灰色星状毛，叶形多变；基部圆形，缘具梳齿。

花：单生于枝端叶腋间；花大，白色、淡红色和红色等，内面基部深红色，花瓣倒卵形，外面疏被柔毛，内面基部边缘具髯毛。

果：蒴果圆锥状卵形，种子近圆肾形，端尖，直径 2 ～ 3 mm。

花果期：7—9 月。

7.4 苘麻

苘麻，锦葵科苘麻属一年生亚灌木草本植物；拉丁名：*Abutilon theophrasti*。

根茎：高达 1 ～ 2 m，茎枝被柔毛。
叶：圆心形，边缘具细圆锯齿，两面均密被星状柔毛；叶柄被星状细柔毛；托叶早落。
花：单生于叶腋，花梗被柔毛；花萼杯状，裂片卵形；花黄色，花瓣倒卵形。
果：蒴果半球形，种子肾形，褐色，被星状柔毛。
花果期：花期 7—8 月，果期 9—10 月。

7.5 蜀葵

蜀葵，锦葵科锦葵属二年生直立草本植物；拉丁名：*Alcea rosea*，别名：一丈红、大蜀季、戎葵。

根茎：高达 2 m，茎枝密被刺毛。
叶：近圆心形，裂片三角形或圆形，托叶卵形。
花：腋生、单生或近簇生，排列成总状花序式；小苞片杯状，萼钟状，密被星状粗硬毛；花大，有红色、紫色、白色、粉红色、黄色和黑紫色等。
果：果盘状，被短柔毛，分果爿近圆形，多数，具纵槽。
花果期：花期 2—8 月，果期 7—11 月。

7.6 锦葵

锦葵，锦葵科锦葵属二年生或多年生直立草本植物；拉丁名：*Malva cathayensis*。

根茎：高 50 ～ 90 cm，茎分枝多，疏被粗毛。
叶：圆心形或肾形，具 5 ～ 7 枚圆齿状钝裂片，两面均无毛或仅脉上疏被短糙伏毛。
花：3 ～ 11 枚簇生，长圆形疏被柔毛；花紫红色或白色，直径 3.5 ～ 4 cm，花瓣 5 枚，匙形，长 2 cm，先端微缺，爪具髯毛。
果：果扁圆形，肾形，被柔毛；种子黑褐色，肾形。
花果期：花期 5—10 月，果期 8—11 月。

8

Atlas of Common Plants in Tianjin Beidagang Wetland Nature Reserve

苋科

8.1 皱果苋

皱果苋，苋科苋属一年生草本植物；拉丁名：*Amaranthus viridis*，别名：绿苋。

根茎：高 40 ～ 80 cm，全体无毛；茎直立，有不显明棱角，稍有分枝，绿色或带紫色。

叶：叶片卵形、卵状矩圆形或卵状椭圆形，顶端尖凹或凹缺，少数圆钝，有 1 芒尖，基部宽楔形或近截形，全缘或微呈波状缘，无毛；叶面常有“V”字形白斑。

花：圆锥状花序顶生，由穗状花序形成，圆柱形，顶生花穗比侧生者长；苞片及小苞片披针形，顶端具凸尖；花被片矩圆形或宽倒披针形。

果：种子近球形，黑色或黑褐色，具薄且锐的环状边缘。

花果期：花期 6—8 月，果期 8—10 月。

8.2 凹头苋

凹头苋，苋科苋属一年生草本植物；拉丁名：*Amaranthus blitum*，别名：野苋。

根茎：高 10 ～ 30 cm，全体无毛；茎伏卧而上升，从基部分枝，淡绿色或紫红色。
叶：叶片卵形或菱状卵形，顶端凹缺，或微小不显，基部宽楔形，全缘或稍呈波状。
花：腋生花簇，生在茎端和枝端者成直立穗状花序或圆锥花序；苞片及小苞片矩圆形；花被片矩圆形或披针形。
果：胞果扁卵形，微皱缩而近平滑。种子环形，黑色至黑褐色，边缘具环状边。
花果期：花期 7—8 月，果期 8—9 月。

8.3 反枝苋

反枝苋，苋科苋属一年生草本植物；拉丁名：*Amaranthus retroflexus*，别名：西风谷。

根茎：高 20 ～ 80 cm，有时达 1 m 多；茎直立，粗壮，单一或分枝，淡绿色，有时具带紫色条纹，稍具钝棱，密生短柔毛。
叶：叶片菱状卵形或椭圆状卵形，顶端锐尖或尖凹，有小凸尖，基部楔形，全缘或波状缘，两面及边缘有柔毛，下面毛较密。
花：圆锥状花序顶生及腋生，由多数穗状花序形成；苞片及小苞片钻形，伸出顶端成白色尖芒；花被片矩圆形或矩圆状倒卵形。
果：胞果扁卵形，淡绿色，包裹在宿存花被片内。种子近球形，棕色或黑色，边缘钝。
花果期：花期 7—8 月，果期 8—9 月。

8.4 合被苋

合被苋，苋科苋属一年生草本植物；拉丁名：*Amaranthus polygonoides*。

根茎：高 10 ～ 40 cm，茎直立或斜升，绿白色，下部有时淡紫红色，通常多分枝，被短柔毛，基部变无毛。
叶：卵形、倒卵形或椭圆状披针形，先端微凹或圆形，上面中央常横生一条白色斑带，干后不显，无毛。
花：簇腋生，总梗极短，单性，雌雄花混生；苞片及小苞片披钍形，长不及花被的 1/2。
果：胞果不裂，长圆形；种子双凸镜状，红褐色且有光泽。
花果期：9—10 月。

9

Atlas of Common Plants in Tianjin Beidagang Wetland Nature Reserve

旋花科

9.1 打碗花

打碗花，旋花科打碗花属多年生草本植物；拉丁名：*Calystegia hederacea*。

根茎：植株通常矮小，全体无毛，高 8 ～ 30（40）cm；根状茎细圆柱形，白色；茎缠绕，有细棱。

叶：基部叶片长圆形，上部叶片 3 裂，中裂片长圆形或长圆状披针形，侧裂片近三角形，叶片基部心形或戟形。

花：腋生，苞片宽卵形，萼片长圆形，花冠淡紫色或淡红色，钟状，子房无毛，裂片长圆形，扁平。

果：蒴果卵球形，宿存萼片与之近等长或稍短；种子黑褐色，表面有小疣。

花果期：花期 7—9 月，果期 8—10 月。

9.2 牵牛

牵牛，旋花科牵牛属一年生缠绕草本植物；拉丁名 *Ipomoea nil*，别名：裂叶牵牛。

根茎：茎上被倒向的短柔毛及杂有倒向或开展的长硬毛。
叶：宽卵形或近圆形，基部圆，心形，中裂片长圆形或卵圆形，渐尖或骤尖，侧裂片较短，叶面或疏或密被微硬的柔毛。
花：腋生，花序梗长短不一，通常短于叶柄；苞片线形或叶状，被开展的微硬毛；萼片近等长，披针状线形；花冠漏斗状，蓝紫色或紫红色。
果：蒴果近球形；种子卵状三棱形，黑褐色或米黄色，被褐色短绒毛。
花果期：花期 6—10 月，果期 8—10 月。

9.3 圆叶牵牛

圆叶牵牛，旋花科牵牛属一年生缠绕草本植物；拉丁名：*Ipomoea purpurea*。

根茎：茎上被倒向的短柔毛杂有倒向或开展的长硬毛。

叶：圆心形或宽卵状心形，基部圆，心形，顶端锐尖、骤尖或渐尖，通常全缘，两面疏或密被刚伏毛。

花：腋生，单一或 2 ～ 5 枚着生于花序梗顶端成伞形聚伞花序，苞片线形，萼片近等长花冠漏斗状，紫红色、红色或白色，花冠管通常白色。

果：蒴果近球形；种子卵状三棱形，黑褐色或米黄色，被极短的糠秕状毛。

花果期：花期 5—10 月，果期 8—11 月。

9.4 田旋花

田旋花，旋花科旋花属多年生草本植物；拉丁名：*Convolvulus arvensis*。

根茎：根状茎横走，茎平卧或缠绕，有条纹及棱角，无毛或上部被疏柔毛。
叶：卵状长圆形至披针形，先端钝或具小短尖头，基部大多戟形，或箭形及心形；叶柄较叶片短；叶脉羽状，基部掌状。
花：花序腋生，花柄比花萼长得多；萼片有毛；花冠宽漏斗形，白色或粉红色，或白色具粉红色或红色的瓣中带，或粉红色具红色或白色的瓣中带。
果：蒴果卵状球形，或圆锥形，无毛；种子卵圆形，无毛，暗褐色或黑色。
花果期：花期 5—8 月，果期 7—9 月。

9.5 菟丝子

菟丝子，旋花科菟丝子属一年生寄生草本植物；拉丁名：*Cuscuta chinensis*，别名：禅真、豆寄生、豆阎王、黄丝、黄丝藤、鸡血藤、金丝藤等。

根茎：茎缠绕，黄色，纤细。

叶：无叶。

花：花序侧生，少花或多花簇生成小伞形或小团伞花序；苞片及小苞片小，鳞片状；花梗稍粗壮；花萼杯状；花冠白色，壶形。

果：蒴果球形，几乎全为宿存的花冠所包围；种子 2 ～ 4 粒，淡褐色，卵形，表面粗糙。

花果期：花期 7—9 月，果期 8—10 月。

10

Atlas of Common Plants in Tianjin Beidagang Wetland Nature Reserve

莎草科

10.1 扁秆荆三棱

扁秆荆三棱，莎草三棱草属多年生草本植物；拉丁名：*Bolboschoenus planiculmis*。

根茎：高 60 ～ 100 cm，具匍匐根茎和块茎；秆较细，三棱柱形，平滑，基部膨大。
叶：基生或秆生；叶片线形，扁平，基部具长叶鞘；叶状苞片 1 ～ 3 枚，长于花序，边缘粗糙。
花：聚伞花序头状；小穗卵形或长圆卵形，褐锈色，具多数花；鳞片长圆形。
果：小坚果倒卵形或宽倒卵形，两面稍凹或稍凸。
花果期：花期 5—6 月，果期 6—7 月。

10.2 具芒碎米莎草

碎米莎草，莎草科莎草属一年生草本植物；拉丁名：*Cyperus microiria*。

根茎：高 8 ～ 85 cm，秆丛生，扁三棱形。
叶：短于秆，宽 2.5 ～ 5 mm，平张；叶鞘红棕色，表面稍带白色；叶状苞片 3 ～ 4 枚，长于花序；长侧枝聚伞花序复出或多次复出，稍密或疏展，具 5 ～ 7 个辐射枝，辐射枝长短不等，最长达 13 cm。
花：穗状花序卵形或宽卵形或近于三角形，长 2 ～ 4 cm，宽 1 ～ 3 cm，具多数小穗；小穗排列稍稀，斜展，线形或线状披针形，长 6 ～ 15 mm，宽约 1.5 mm，具 8 ～ 24 枚花；小穗轴直，具白色透明的狭边；鳞片排列疏松，膜质，宽倒卵形，顶端圆，长约 1.5 mm，麦秆黄色或白色。
果：小坚果倒卵形，三棱形，几与鳞片等长，深褐色，具密的微凸起细点。
花果期：8—10 月。
本种形似碎米莎草，但其区别在于本种鳞片有明显的凸出于鳞片先端的短尖和小穗轴有白色的狭翅。

10.3 寸草

寸草，莎草科薹草属多年生草本植物；拉丁名：*Carex duriuscula*，别名：寸苔草、卵穗苔草、羊胡覃。

根茎：匍匐茎细长，秆高 5 ～ 20 cm，基部具灰黑色呈纤维状分裂的枯叶鞘，植株淡黄绿色。

叶：短于秆，宽 2 ～ 3 mm，常卷折。

花：穗状花序卵形或宽卵形，长 7 ～ 12 mm，褐色；小穗 3 ～ 6 枚，密生，卵形，雄雌顺序，具少数花；苞片鳞片状；雌花鳞片宽卵形，褐色，具狭的白色膜质边缘。

果：果囊宽卵形或近圆形，长约 3.5 mm，平凸状，革质，暗褐色，上部具短喙；小坚果宽卵形，长约 2 mm，柱头 2 个。

花果期：4—6 月。

10.4 水葱

水葱，莎草科藨草属；拉丁名：*Schoenoplectus tabernaemontani*。

根茎：匍匐根状茎粗壮，具许多须根；秆高大，圆柱状，高 1 ～ 2 m，平滑，基部具 3 ～ 4 个叶鞘，鞘长可达 38 cm，管状，膜质，最上面一个叶鞘具叶片。
叶：叶片线形，长 1.5 ～ 11 cm。
花：长侧枝聚伞花序简单或复出，假侧生；小穗单生或 2 ～ 3 枚簇生于辐射枝顶端，卵形或长圆形，顶端急尖或钝圆，具多数花。
果：小坚果倒卵形或椭圆形，双凸状，少有三棱形，长约 2 mm。
花果期：6—9 月。

11

Atlas of Common Plants in Tianjin
Beidagang Wetland Nature Reserve

杨柳科

11.1 旱柳

旱柳，杨柳科柳属落叶乔木；拉丁名：*Salix matsudana*。

根茎：高达 20 m，径达 80 cm；大枝斜上，树冠广圆形；树皮暗灰黑色，有裂沟；枝细长，直立或斜展，浅褐黄色或带绿色，后变褐色，无毛，幼枝有毛。芽微有短柔毛。

叶：披针形，下面具灰白色或稍带白色，幼时具长柔毛，先端长渐尖，基部窄圆形或楔形；叶柄短，在上面有长柔毛；托叶披针形或缺，边缘有细腺锯齿。

花：花序与叶同时开放；子房长椭圆形，近无柄，无毛，无花柱或很短，柱头卵形，近圆裂；苞片同雄花。

果：果序长达 2（2.5）cm。

花果期：花期 4 月，果期 4—5 月。

11.2 绦柳（变型）

绦柳，杨柳科柳属落叶乔木；拉丁名：*Salix matsudana* var. *matsudana* f. *pendula*。

根茎：高可达 20 ～ 30 m，直径 50 ～ 60 cm；树皮组织厚，纵裂，老龄树干中心多朽腐而中空；柳枝细长，柔软下垂，褐绿色，无毛；冬芽线形，密着于枝条。
叶：互生，线状披针形，下面苍白色或带白色，叶柄长 5 ～ 8 mm。
花：花开于叶后，雌花有 2 腺体，雄花序为葇荑花序，有短梗，略弯曲。
果：果实为蒴果，成熟后 2 瓣裂，内藏种子多枚，种子上具有一丛绵毛。
花果期：花期 4 月，果期 4—5 月。
近种识别：本变型枝长而下垂，与垂柳相似，其区别为本变型的雌花有 2 腺体，而垂柳只有 1 腺体；本变型小枝黄色，叶为披针形，下面苍白色或带白色，叶柄长 5 ～ 8 mm；而垂柳的小枝褐色，叶为狭披针形或线状披针形，下面带绿色。

11.3 河北杨

河北杨，杨柳科杨属落叶乔木；拉丁名：*Populus × hopeiensis*。

根茎：树皮黄绿色至灰白色，光滑；树冠圆大。小枝圆柱形，灰褐色，无毛，幼时黄褐色，有柔毛。

叶：芽长卵形或卵圆形，被柔毛。叶卵形或近圆形，长 3 ～ 8 cm，宽 2 ～ 7 cm，先端急尖或钝尖，基部截形、圆形或广楔形，边缘有弯曲或不弯曲波状粗齿，齿端锐尖，内曲，上面暗绿色，下面淡绿色，发叶时下面被绒毛；叶柄侧扁。

花：雄花序长约 5 cm，花序轴被密毛，苞片褐色，掌状分裂，裂片边缘具白色长毛；雌花序长 3 ～ 5 cm，花序轴被长毛，苞片赤褐色，边缘有长白毛。

花果期：花期 4 月，果期 5—6 月。

11.4 毛白杨

毛白杨，杨柳科杨属乔木；拉丁名：*Populus tomentosa*。

根茎：高达 30 m；树皮纵裂，粗糙；树冠圆锥形至卵圆形或圆形；侧枝开展，雄株斜上，老树枝下垂；小枝（嫩枝）初被灰毡毛，后光滑。

叶：长枝叶阔卵形或三角状卵形，边缘深齿牙缘或波状齿牙缘；叶柄上部侧扁；叶柄稍短于叶片，侧扁，先端无腺点。

花：雄花序长 10 ～ 14（20）cm，雄花苞片约具 10 个尖头，密生长毛，雄蕊 6 ～ 12，花药红色；雌花序长 4 ～ 7 cm，沿边缘有长毛；果序长达 14 cm。

果：蒴果圆锥形或长卵形，2 瓣裂。

花果期：花期 3 月，果期 4—5 月。

11.5 加杨

加杨，杨柳科杨属乔木；拉丁名：*Populus × canadensis*。

根茎：树干通直，高达 30 m；树皮粗厚，深沟裂，下部暗灰色，上部褐灰色，树冠卵形。

叶：单叶互生，叶三角形或三角状卵形，长 7 ～ 20 cm，一般长大于宽，先端渐尖，基部截形或宽楔形，边缘半透明，有圆锯齿，近基部较疏；上面暗绿色，下淡绿色，叶柄侧扁而长，带红色（苗期特明显）。

花：雄花序长 7 ～ 15 cm，花序轴光滑，苞片淡绿褐色，不整齐，丝状深裂，花盘淡黄绿色，花丝细长，超出花盘，雌花序有花 45 ～ 50 朵，柱头 4 裂。

果：果序长达 27 cm；蒴果卵圆形，长约 8 mm，先端锐尖，2 ～ 3 瓣裂。

花果期：花期 4 月，果期 5—6 月。

12

Atlas of Common Plants in Tianjin Beidagang Wetland Nature Reserve

木犀科

12.1 美国红梣

美国红梣，木犀科梣属落叶乔木；拉丁名：*Fraxinus pennsylvanica*，别名：毛白蜡、洋白蜡。

根茎：高 10 ～ 20 m；树皮灰色，粗糙，皱裂；顶芽圆锥形，尖头，被褐色糠秕状毛；小枝红棕色，圆柱形，被黄色柔毛或秃净，老枝红褐色，光滑无毛。
叶：羽状复叶长 18 ～ 44 cm；叶柄长 2 ～ 5 cm，基部几不膨大；叶轴圆柱形，上面具较宽的浅沟；小叶 7 ～ 9 枚，长圆状披针形、狭卵形或椭圆形；小叶无柄或下方 1 对小叶具短柄。
花：圆锥状花序生于上年生枝上；花密集，雄花与两性花异株；花序梗短；花梗纤细，雄花花萼小，两性花花萼较宽。
果：翅果狭倒披针形，上中部最宽，先端钝圆或具短尖头，翅下延近坚果中部，坚果圆柱形，脉棱明显。
花果期：花期 4 月，果期 8—10 月。

12.2 水蜡

水蜡，木犀科女贞属落叶灌木；拉丁名：*Ligustrum obtusifolium*，别名：钝叶女贞、钝叶水蜡树、辽东水蜡树。

根茎：高达 3 m，树皮暗灰色；小枝淡棕色或棕色，圆柱形，被较密微柔毛或短柔毛。
叶：叶片纸质，披针状长椭圆形、长椭圆形、长圆形或倒卵状长椭圆形，先端钝或锐尖，叶柄长 1 ～ 2 mm，无毛或被短柔毛。
花：圆锥状花序着生于小枝顶端；花序轴、花梗、花萼均被微柔毛或短柔毛；花梗长 0 ～ 2 mm；花萼长 1.5 ～ 2 mm，花冠管长 3.5 ～ 6 mm，裂片狭卵形至披针形，花药披针形，短于花冠裂片或达裂片的 1/2 处。
果：果近球形或宽椭圆形，长 5 ～ 8 mm，直径 4 ～ 6 mm。
花果期：花期 5—6 月，果期 8—10 月。

12.3 金钟花

金钟花，木犀科连翘属落叶灌木；拉丁名：*Forsythia viridissima*，别名：迎春柳、迎春条、金梅花、金铃花。

根茎：高可达 3 m；枝棕褐色或红棕色，小枝绿色或黄绿色，呈四棱形，皮孔明显。

叶：叶片长椭圆形至披针形，或倒卵状长椭圆形，通常上半部具不规则锐锯齿或粗锯齿，中脉和侧脉在上面凹入，下面凸起。

花：花 1 ～ 3（4）枚着生于叶腋，先于叶开放；花萼裂片绿色，卵形、宽卵形或宽长圆形；花冠深黄色。

果：卵形或宽卵形，基部稍圆，先端喙状渐尖，具皮孔。

花果期：花期 3—4 月，果期 8—11 月。

12.4 紫丁香

紫丁香，木犀科丁香属落叶灌木或小乔木；拉丁名：*Syringa oblata*，别名：丁香、华北紫丁香、百结、情客、龙梢子。

根茎：高 1.5 ～ 4 m；树皮灰褐色；小枝黄褐色，初被短柔毛，后渐脱落。
叶：嫩叶簇生，后对生，卵形、倒卵形或披针形。
花：圆锥状花序，花淡紫色、紫红色或蓝色，花冠筒长 6 ～ 8 mm。
果：倒卵状椭圆形、卵形至长椭圆形，先端长渐尖，光滑。
花果期：花期 5—6 月，果期 6—10 月。

13

茄科

13.1 曼陀罗

曼陀罗，茄科曼陀罗属草本或半灌木状；拉丁名：*Datura stramonium*，别名：曼荼罗、满达、曼扎、曼达、醉心花、狗核桃、洋金花、枫茄花、万桃花、闹羊花等。

根茎：高 0.5 ～ 1.5 m；全体近于平滑或在幼嫩部分被短柔毛；茎粗壮，圆柱状，淡绿色或带紫色，下部木质化。

叶：广卵形，顶端渐尖，基部不对称楔形。

花：单生于枝叉间或叶腋，直立，有短梗；花萼筒状。

果：蒴果直立生，卵状表面生有坚硬针刺或有时无刺而近平滑，成熟后淡黄色，规则 4 瓣裂；种子卵圆形，稍扁黑色。

花果期：花期 6—10 月，果期 7—11 月。

13.2 宁夏枸杞

宁夏枸杞，茄科枸杞属灌木；拉丁名：*Lycium barbarum*。

根茎：高 0.8 ～ 2 m；栽培者茎粗，直径达 10 ～ 20 cm；分枝细密，野生时多开展而略斜升或弓曲，栽培时小枝弓曲而树冠多呈圆形，有纵棱纹，灰白色或灰黄色。
叶：互生或簇生，披针形或长椭圆状披针形，顶端短渐尖或急尖，基部楔形，略带肉质，叶脉不明显。
花：在长枝上 1 ～ 2 枚生于叶腋，在短枝上 2 ～ 6 枚同叶簇生；花萼钟状，花冠漏斗状。
果：浆果红色或在栽培类型中也有橙色，形状多为椭圆形、矩圆形、卵形或近球形；种子常 20 余粒，略成肾脏形，扁状，棕黄色，长约 2 mm。
花果期：5—10 月。

13.3 龙葵

龙葵，茄科茄属一年生直立草本植物；拉丁名：*Solanum nigrum*。

根茎：高 0.25 ～ 1 m；茎无棱或棱不明显，绿色或紫色，近无毛或被微柔毛。
叶：卵形，先端短尖，基部楔形至阔楔形而下延至叶柄，全缘或每边具不规则的波状粗齿，光滑或两面均被稀疏短柔毛。
花：蝎尾状花序腋外生，由 3 ～ 6（10）枚花组成；萼小，浅杯状；花冠白色，筒部隐于萼内；花丝短，花药黄色；子房卵形，柱头小，头状。
果：浆果球形，直径约 8 mm，熟时黑色。种子多数，近卵形，直径 1.5 ～ 2 mm，两侧扁。
花果期：9—10 月。

14

Atlas of Common Plants in Tianjin
Beidagang Wetland Nature Reserve

桑科

14.1 葎草

葎草，桑科葎草属多年生茎蔓草本植物；拉丁名：*Humulus scandens*，别名：拉拉秧、勒草、黑草、麻葛蔓、葛葎蔓、葛勒蔓、来毒草、葛葎草、涩萝蔓等。

根茎：茎缠绕，茎长 1 ~ 5 m，具纵行棱角；茎、叶柄上具倒钩刺。

叶：具长柄，对生，叶片掌状 5 ~ 7 深裂，裂片长 6 ~ 12 cm，宽 5 ~ 8 cm，裂片卵圆形，边缘有锯齿，两面均具粗糙的毛。

花：单性，雌雄异株，雄花序圆锥形，雄花浅黄绿色，雌花序穗状，一般 10 余枚花相集下垂；花梗细长，有短钩刺。

果：瘦果浅黄色，扁圆形，先端有圆柱状凸起；成熟后形成球状果，种子繁殖。

花果期：花期 7—8 月，果期 9 月。

14.2 构树

构树，桑科构属乔木；拉丁名：*Broussonetia papyrifera*。

根茎：高 10 ～ 20 m；树皮暗灰色；小枝密生柔毛。
叶：螺旋状排列，广卵形至长椭圆状卵形；叶柄密被糙毛；托叶大，卵形。
花：雌雄异株；雄花序为柔荑花序，粗壮，苞片披针形，被毛；雌花序球形头状，苞片棍棒状，顶端被毛，花被管状，顶端与花柱紧贴。
果：聚花果直径 1.5 ～ 3 cm，成熟时橙红色，肉质；瘦果具与其等长的柄，表面有小瘤，龙骨双层，外果皮壳质。
花果期：花期 4—5 月，果期 6—7 月。

14.3 桑

桑，桑科桑属乔木或为灌木；拉丁名：*Morus alba*。

根茎：高 3 ～ 10 m 或更高，直径可达 50 cm；树皮厚，灰色，具不规则浅纵裂；冬芽红褐色，卵形，芽鳞覆瓦状排列，灰褐色，有细毛；小枝有细毛。

叶：卵形或广卵形，叶柄具柔毛，托叶披针形。

花：单性，腋生或生于芽鳞腋内；花丝在芽时内折。

果：聚花果卵状椭圆形，成熟时红色或暗紫色。

花果期：花期 4—5 月，果期 5—8 月。

15

Atlas of Common Plants in Tianjin Beidagang Wetland Nature Reserve

唇形科

15.1 地笋

地笋，唇形科地笋属多年生草本植物；拉丁名：*Lycopus lucidus*。

根茎：高 0.6 ～ 1.7 m；根茎横走，具节，节上密生须根。
叶：具极短柄或近无柄，长圆状披针形，两面或上面具光泽，亮绿色，两面均无毛。
花：轮伞状花序无梗，轮廓圆球形，小苞片卵圆形至披针形，位于外方者超过花萼。花萼钟形，花冠白色，花丝丝状，花药卵圆形。
果：小坚果倒卵圆状四边形，褐色，边缘加厚，背面平，腹面具棱，有腺点。
花果期：花期 6—9 月，果期 8—11 月。

15.2 益母草

益母草，唇形科益母草属一年生或二年生草本植物；拉丁名：*Leonurus japonicus*，别名：坤草、九重楼、野天麻等。

根茎：通常高 30 ～ 120 cm，有于其上密生须根的主根。茎直立，钝四棱形，有倒向糙伏毛，在节及棱上尤为密集，多分枝，或仅于茎中部以上有能育的小枝条。
叶：对生；叶形多种；叶柄长 0.5 ～ 8 cm；基生叶具长柄，叶片略呈圆形，直径 4 ～ 8 cm，5 ～ 9 浅裂，裂片具 2 ～ 3 钝齿，基部心形；茎中部叶有短柄，3 全裂，裂片近披针形，中央裂片常再 3 裂，两侧裂片再 1 ～ 2 裂，最终片宽度通常在 3 mm 以上，先端渐尖，边缘疏生锯齿或近全缘；最上部叶不分裂，线形，近无柄，上面绿色，被糙伏毛，下面淡绿色，被疏柔毛及腺点。
花：轮伞状花序腋生，具 8 ～ 15 枚花，轮廓为圆球形；小苞片刺状；花萼管状钟形，花冠粉红至淡紫红色；花柱丝状，花盘平顶；子房褐色，无毛。
果：小坚果长圆状三棱形，顶端截平而略宽大，基部楔形，淡褐色，光滑。
花果期：花期 6—9 月，果期 7—10 月。

15.3 细叶益母草

细叶益母草，唇形科益母草属一年生或二年生草本植物；拉丁名：*Leonurus sibiricus*。

根茎：高 20 ～ 80 cm；有圆锥形的主根；茎直立，钝四棱形，微具槽，有短而贴生的糙伏毛，单一，或多数从植株基部发出，不分枝，或于茎上部稀在下部分枝。
叶：茎最下部的叶早落，中部的叶轮廓为卵形，长 5 cm，宽 4 cm，基部宽楔形，掌状 3 全裂，裂片呈狭长圆状菱形，其上再羽状分裂成 3 裂的线状小裂片，小裂片宽 1 ～ 3 mm，上面绿色，疏被糙伏毛，叶脉下陷，下面淡绿色，被疏糙伏毛及腺点，叶脉明显凸起且呈黄白色，叶柄纤细，长约 2 cm，腹面具槽，背面圆形，被糙伏毛；花序最上部的苞叶轮廓近于菱形，3 全裂成狭裂片，中裂片通常再 3 裂，小裂片均为线形，宽 1 ～ 2 mm。
花：轮伞状花序腋生，花时轮廓为圆球形，向顶渐次密集组成长穗状；小苞片刺状，向下反折，比萼筒短，被短糙伏毛。花萼管状钟形。
果：小坚果长圆状三棱形，长 2.5 mm，顶端截平，基部楔形，褐色。
花果期：花期 7—9 月，果期 9 月。

15.4 夏至草

夏至草，唇形科夏至草属多年生草本植物；拉丁名：*Lagopsis supina*，别名：夏枯草、白花夏枯草、白花益母、灯笼棵、风轮草、小益母草、假茺蔚、假益母草、风车草。

根茎：披散于地面或上升，具圆锥形的主根；茎高 15 ～ 35 cm，四棱形，具沟槽，带紫红色，密被微柔毛，常在基部分枝。
叶：轮廓为圆形，长宽 1.5 ～ 2 cm，先端圆形，基部心形，3 深裂，裂片有圆齿或长圆形犬齿，有时叶片为卵圆形，3 浅裂或深裂，裂片无齿或有稀疏圆齿，通常基部越冬叶远较宽大，叶片两面均绿色，上面疏生微柔毛，下面沿脉上被长柔毛，脉掌状，3 ～ 5 出；叶柄长，基生叶长 2 ～ 3 cm，上部叶的较短，通常在 1 cm 左右，扁平，上面微具沟槽。
花：轮伞状花序疏花，直径约 1 cm，在枝条上部者较密集，在下部者较疏松；花冠白色，稀粉红色，稍伸出于萼筒，长约 7 mm，外面被绵状长柔毛，内面被微柔毛，在花丝基部有短柔毛；冠筒长约 5 mm，直径约 1.5 mm。
果：小坚果长卵形，长约 1.5 mm，褐色，有鳞秕。
花果期：花期 3—4 月，果期 5—6 月。

15.5 活血丹

活血丹，唇形科活血丹属多年生草本植物；拉丁名：*Glechoma longituba*，别名：金钱艾、也蹄草、透骨消、透骨风、过墙风、蛮骨风、蛮子草、胡薄荷、穿墙草、团经药、风草、肺风草、金钱薄荷、马蹄筋骨草、破铜钱、对叶金钱草等。

根茎：具匍匐茎，上升，逐节生根；茎高 10 ～ 20（30）cm，四棱形，基部通常呈淡紫红色，几无毛，幼嫩部分被疏长柔毛。

叶：草质，下部较小，叶片心形或近肾形，叶柄长度为叶片的 1 ～ 2 倍；上部较大，叶片心形，长 1.8 ～ 2.7 cm，宽 2 ～ 3 cm，先端急尖或钝三角形，基部心形，边缘具圆齿或粗锯齿状圆齿，被疏粗伏毛或微柔毛，叶脉不明显，下面常带紫色，叶柄长度为叶片的 1.5 倍，被长柔毛。

花：轮伞状花序通常 2 枚花，稀具 4 ～ 6 枚花；苞片及小苞片线形，长达 4 mm，被缘毛。

果：成熟小坚果深褐色，长圆状卵形，长约 1.5 mm，宽约 1 mm，顶端圆，基部略成三棱形，无毛，果脐不明显。

花果期：花期 4—5 月，果期 5—6 月。

16

Atlas of Common Plants in Tianjin Beidagang Wetland Nature Reserve

十字花科

16.1 播娘蒿

播娘蒿，十字花科播娘蒿属一年生草本植物，有毛或无毛，毛为叉状毛；拉丁名：*Descurainia sophia*。

根茎：高 20 ～ 80 cm；茎直立，分枝多，常于下部成淡紫色。

叶：3 回羽状深裂，长 2 ～ 12（15）cm，末端裂片条形或长圆形，裂片长（2）3 ～ 5（10）mm，宽 0.8 ～ 1.5（2）mm，下部叶具柄，上部叶无柄。

花：伞房状花序，果期伸长；萼片直立，早落，长圆条形，背面有分叉细柔毛；花瓣黄色，长圆状倒卵形，或稍短于萼片，具爪。

果：长角果圆筒状，稍内曲，与果梗不成 1 条直线，果瓣中脉明显；果梗长 1 ～ 2 cm。种子每室 1 行，种子形小，长圆形，稍扁，淡红褐色。

花果期：花期 4—5 月，果期 6—9 月。

16.2 独行菜

独行菜，十字花科独行菜属一年生或二年生草本植物；拉丁名：*Lepidium apetalum*。

根茎：高 5 ～ 30 cm；茎直立，有分枝，无毛或具微小头状毛。
叶：基生叶窄匙形，一回羽状浅裂或深裂；叶柄长 1 ～ 2 cm；茎上部叶线形，有疏齿或全缘。
花：总状花序在果期可延长至 5 cm；萼片早落，卵形；花瓣不存或退化成丝状，比萼片短。
果：短角果近圆形或宽椭圆形，扁平，顶端微缺，上部有短翅；果梗弧形。种子椭圆形，平滑，棕红色。
花果期：5—7 月。

16.3 宽叶独行菜

宽叶独行菜，十字花科独行菜属多年生草本植物；拉丁名：*Lepidium latifolium*。

根茎：高 0.3 ～ 1.2 m；茎直立，中上部有分枝。
叶：长圆披针形或广椭圆形，先端短尖，基部楔形，边缘具稀锯齿，基部的叶具长柄，茎上部叶无柄，苞片状。
花：总状花序排成圆锥状；花小，花瓣 4 枚，白色。
果：果实扁椭圆形；种子宽椭圆形，扁平，光滑。
花果期：花期 5—7 月，果期 7—9 月。

16.4 荠

荠，十字花科荠属一年生或二年生草本植物；拉丁名：*Capsella bursa-pastoris*。

根茎：茎直立，高可达 50 cm。
叶：基生叶丛生呈莲座状，大头羽状分裂，顶裂片卵形至长圆形，侧裂片长圆形至卵形；茎生叶窄披针形或披针形，基部箭形，抱茎，边缘有缺刻或锯齿。
花：总状花序顶生及腋生，萼片长圆形，花瓣白色，卵形，有短爪。
果：短角果倒三角形或倒心状三角形，扁平，顶端微凹；种子 2 行，长椭圆形，浅褐色。
花果期：4—6 月。

17

Atlas of Common Plants in Tianjin Beidagang Wetland Nature Reserve

萝藦科

17.1 鹅绒藤

鹅绒藤，萝藦科鹅绒藤属缠绕草本植物；拉丁名：*Cynanchum chinense*。

根茎：主根圆柱状，长约 20 cm，直径约 5 mm，干后灰黄色；全株被短柔毛。
叶：对生，薄纸质，宽三角状心形，顶端锐尖，基部心形，叶面深绿色，叶背苍白色，两面均被短柔毛，脉上较密；侧脉约 10 对，在叶背略为隆起。
花：伞形聚伞花序腋生，着花约 20 枚；花萼外面被柔毛；花冠白色，裂片长圆状披针形；花柱头略为凸起。
果：蓇葖双生或仅有 1 个发育，细圆柱状，向端部渐尖，长 11 cm，直径 5 mm；种子长圆形；种毛白色绢质。
花果期：花期 6—8 月，果期 8—10 月。

17.2 萝藦

萝藦，萝藦科萝藦属多年生草质藤本；拉丁名：*Metaplexis japonica*。

根茎：长达 8 m，茎圆柱状，下部木质化，上部较柔韧，表面淡绿色，有纵条纹。
叶：膜质，卵状心形，侧脉每边 10 ～ 12 条，在叶背略明显；叶柄长，顶端具丛生腺体。
花：总状式聚伞花序腋生或腋外生；小苞片膜质，披针形；花蕾圆锥状，花萼裂片披针形，花冠白色，有淡紫色红色斑纹，花冠筒短，花冠裂片披针形。
果：种子扁平，卵圆形，有膜质边缘，褐色，顶端具白色绢质种毛。
花果期：花期 6—9 月，果期 9—12 月。

17.3 杠柳

杠柳，萝藦科杠柳属落叶蔓性灌木；拉丁名：*Periploca sepium*，别名：羊奶条、北五加皮、羊角桃、羊桃。

根茎：长可达 1.5 m。主根圆柱状，外皮灰棕色，内皮浅黄色；具乳汁，除花外，全株无毛；茎皮灰褐色；小枝通常对生，有细条纹，具皮孔。

叶：卵状长圆形，长 5 ～ 9 cm，宽 1.5 ～ 2.5 cm，顶端渐尖，基部楔形，叶面深绿色，叶背淡绿色；中脉在叶面扁平，在叶背微凸起，侧脉纤细，两面扁平，每边 20 ～ 25 条；叶柄长约 3 mm。

花：聚伞花序腋生，着花数枚；花序梗和花梗柔弱；花萼裂片卵圆形，长 3 mm，宽 2 mm，顶端钝，花萼内面基部有 10 个小腺体；花冠紫红色，辐状。

果：种子长圆形，长约 7 mm，宽约 1 mm，黑褐色，顶端具白色绢质种毛；种毛长 3 cm。

花果期：花期 5—6 月，果期 7—9 月。

18 香蒲科

18.1 水烛

水烛，香蒲科香蒲属多年生水生或沼生草本植物；拉丁名：*Typha angustifolia*，别名：蒲草、水蜡烛、狭叶香蒲，而水烛是正名。

根茎：高 1.5 ～ 2.5（3）m，根状茎乳黄色、灰黄色，先端白色；地上茎直立，粗壮。
叶：叶片上部扁平，中部以下腹面微凹，背面向下逐渐隆起呈凸形，下部横切面呈半圆形，细胞间隙大，呈海绵状；叶鞘抱茎。
花：雄花序轴具褐色扁柔毛，叶状苞片 1 ～ 3 枚，花后脱落；雌花序长 15 ～ 30 cm，基部具 1 枚叶状苞片；雄花由 3 枚雄蕊合生；雌花具小苞片；孕性雌花柱头窄条形或披针形。
果：小坚果长椭圆形，具褐色斑点，纵裂。种子深褐色，长约 1 ～ 1.2 mm。
花果期：6—9 月。

19 夹竹桃科

19.1 罗布麻

罗布麻，夹竹桃科罗布麻属直立半灌木；拉丁名：*Apocynum venetum*，别名：红麻、茶叶花、红柳子等。

根茎：高 1.5 ～ 3 m，一般高约 2 m，最高可达 4 m；枝条对生或互生，圆筒形，光滑无毛，紫红色或淡红色。
叶：对生，叶片椭圆状披针形至卵圆状长圆形，叶缘具细牙齿；叶脉纤细；叶柄长 3 ～ 6 mm；叶柄间具腺体，老时脱落。
花：圆锥状聚伞花序一至多歧，花梗长约 4 mm；苞片膜质，披针形；花萼 5 深裂，裂片披针形或卵圆状披针形；花冠圆筒状钟形，紫红色或粉红色。
果：外果皮棕色，无毛，有纸纵纹；种子多数，卵圆状长圆形，黄褐色。
花果期：花期 4—9 月，果期 7—12 月。

20 伞形科

20.1 蛇床

蛇床，伞形科蛇床属多年生草本植物；拉丁名：*Cnidium monnieri*。

根茎：高 10 ～ 60 cm；茎多数，高可达 60 cm；基部匍匐生根，简单或分枝，四棱形，具浅槽，常染紫红色。
叶：三角状卵圆形，先端钝或锐尖，基部圆形或近浅心形，边缘为圆齿状锯齿。
花：轮伞状花序多花密集，半球形；苞叶叶状，花萼圆筒状，花冠粉红色，较大，花药卵圆形。
果：小坚果倒卵形，褐色，无毛。
花果期：花期 7—9 月，果期 8—11 月。

21 车前科

21.1 大车前

大车前，车前科车前属二年生或多年生草本植物；拉丁名：*Plantago major*。

根茎：根状茎短粗，具须根。
叶：基生叶直立，叶片卵形或宽卵形，顶端圆滑，边缘波状或不整齐锯齿；叶柄明显长于叶片。
花：花茎直立，穗状花序占花茎的 1/3 ～ 1/2；花密生，苞片卵形，较萼裂片短；花萼无柄，裂片椭圆形；花冠裂片椭圆形或卵形。
果：蒴果椭圆形，种子 8 ～ 15 粒，少数至 18 粒，棕色或棕褐色。
花果期：花期 6—8 月，果期 7—9 月。

21.2 平车前

平车前，车前科车前属一年生或二年生草本植物；拉丁名：*Plantago depressa*，别名：车前草、车茶草、蛤蟆叶。

根茎：直根长，具多数侧根，多少肉质。根茎短。

叶：叶基生呈莲座状；叶片纸质，椭圆形、椭圆状披针形或卵状披针形，长 3 ～ 12 cm，宽 1 ～ 3.5 cm，先端急尖或微钝，边缘具浅波状钝齿、不规则锯齿或牙齿，基部宽楔形至狭楔形，下延至叶柄，脉 5 ～ 7 条，上面略凹陷，于背面明显隆起，两面疏生白色短柔毛；叶柄长 2 ～ 6 cm，基部扩大成鞘状。

花：花序 3 ～ 10 余个；花序梗长 5 ～ 18 cm，有纵条纹；穗状花序细圆柱状；苞片三角状卵形，花萼无毛，前对萼片狭倒卵状椭圆形至宽椭圆形，后对萼片倒卵状椭圆形至宽椭圆形。花冠白色，无毛。

果：蒴果卵状椭圆形至圆锥状卵形，种子 4 ～ 5 粒，椭圆形，腹面平坦，黄褐色至黑色；子叶背腹向排列。

花果期：花期 5—7 月，果期 7—9 月。

22 柽柳科

22.1 柽柳

柽柳，柽柳科柽柳属乔木或灌木；拉丁名：*Tamarix chinensis*。

根茎：高 3 ～ 6（8）m，老枝直立，暗褐红色，光亮，幼枝稠密细弱，常开展而下垂，红紫色或暗紫红色，有光泽；嫩枝繁密纤细，悬垂。

叶：鲜绿色，从生木质化生长枝上生出的绿色营养枝上的叶长圆状披针形或长卵形；上部绿色营养枝上的叶钻形或卵状披针形。

花：总状花序侧生在生木质化的小枝上，花大而少，有短总花梗，或近无梗，梗生有少数苞叶或无；苞片线状长圆形，或长圆形。

果：蒴果圆锥形。

花果期：4—9 月。

23

Atlas of Common Plants in Tianjin Beidagang Wetland Nature Reserve

榆科

23.1 榆树

榆树，榆科榆属落叶乔木；拉丁名：*Ulmus pumila*。

根茎：高达 25 m，直径 1 m，在干瘠之地长成灌木状；幼树树皮平滑，灰褐色或浅灰色，大树之皮暗灰色，不规则深纵裂，粗糙。

叶：椭圆状卵形、长卵形、椭圆状披针形或卵状披针形，先端渐尖或长渐尖，基部偏斜或近对称，一侧楔形至圆，另一侧圆至半心脏形，叶面平滑无毛。

花：花先于叶开放，在生枝的叶腋成簇生状。

果：翅果近圆形，稀倒卵状圆形，果核部分位于翅果的中部。

花果期：3—6 月。

23.2 中华金叶榆

中华金叶榆，榆科榆属落叶乔木；拉丁名：*Ulmus pumila* ‘jinye’。

根茎：高可达 10 m，树皮灰褐色浅纵裂。

叶：单叶互生，叶片卵圆形，金黄色，叶缘具锯齿，叶尖渐尖，互生于枝条上。

花：聚伞花序叶腋。

果：果翅黄白色，果梗较花被短。

花果期：花期 4—5 月（中国北方），果期 6—7 月。

24 蒺藜科

24.1 小果白刺

小果白刺，蒺藜科白刺属落叶小灌木；拉丁名：*Nitraria sibirica*，别名：西伯利亚白刺、白刺、酸胖、卡密。

根茎：高 0.5 ～ 2.0 m，弯，多分枝，枝铺散，少直立；小枝灰白色，不孕枝先端刺针状。

叶：近无柄，在嫩枝上 4 ～ 6 片簇生，倒披针形，先端锐尖或钝，基部渐窄成楔形，无毛或幼时被柔毛。

花：聚伞花序长 1 ～ 3 cm，被疏柔毛；萼片 5 枚，绿色，花瓣黄绿色或近白色，矩圆形，长 2 ～ 3 mm。

果：果椭圆形或近球形，两端钝圆，熟时暗红色，果汁暗蓝色，带紫色，味甜而微咸；果核卵形，先端尖。

花果期：花期 5—6 月，果期 7—8 月。

24.2 蒺藜

蒺藜，蒺藜科蒺藜属一年生草本植物；拉丁名：*Tribulus terrestris*，别名：白蒺藜、屈人等。

根茎：茎平卧，无毛，被长柔毛或长硬毛，枝长 20 ～ 60 cm。
叶：偶数羽状复叶，长 1.5 ～ 5 cm；小叶对生，3 ～ 8 对，矩圆形或斜短圆形，长 5 ～ 10 mm，宽 2 ～ 5 mm，先端锐尖或钝，基部稍偏科，被柔毛，全缘。
花：腋生，花梗短于叶，花黄色。
果：果有分果瓣 5 枚，硬，无毛或被毛，中部边缘有锐刺 2 枚，下部常有小锐刺 2 枚，其余部位常有小瘤体。
花果期：花期 5—8 月，果期 6—9 月。

25 苦木科

25.1 臭椿

臭椿，苦木科臭椿属落叶乔木；拉丁名：*Ailanthus altissima*。

根茎：高可达 20 余 米，树皮平滑而有直纹；嫩枝有髓，幼时被黄色或黄褐色柔毛，后脱落。

叶：奇数羽状复叶，小叶对生或近对生，纸质，卵状披针形，叶面深绿色，背面灰绿色，柔碎后具臭味。

花：圆锥状花序，长 10 ～ 30 cm，花淡绿色，萼片覆瓦状排列；花瓣基部两侧被硬粗毛。

果：翅果长椭圆形，种子位于翅的中间，扁圆形。

花果期：花期 4—5 月，果期 8—10 月。

26

Atlas of Common Plants in Tianjin Beidagang Wetland Nature Reserve

大戟科

26.1 铁苋菜

铁苋菜，大戟科铁苋菜属一年生草本植物；拉丁文名：*Acalypha australis*。

根茎：高 0.2 ～ 0.5 m，小枝细长，被贴毛柔毛，毛逐渐稀疏。
叶：膜质，长卵形、近菱状卵形或阔披针形，顶端短渐尖，基部楔形，边缘具圆锯，托叶披针形。
花：雌雄花同序，花序腋生，稀顶生，花序轴具短毛。
果：蒴果直径 4 mm，果皮具疏生毛和毛基变厚的小瘤体；种子近卵状，长 1.5 ～ 2 mm，种皮平滑。
花果期：4—12 月。

26.2 地锦草

地锦草，大戟科大戟属一年生匍匐草本植物；拉丁名：*Euphorbia humifusa*，别名：小虫儿卧单、酱瓣草、血风草、马蚁草、雀儿卧单等。

根茎：茎纤细，近基部二歧分枝，带紫红色，无毛，质脆，易折断，断面黄白色，中空。

叶：对生，托叶线形，通常三裂；叶片长圆形，先端钝圆，基部偏狭，边缘有细齿，两面无毛或疏生柔毛，绿色或淡红色。

花：杯状花序单生于叶腋，总苞倒圆锥形，浅红色，顶端 4 裂，裂片长三角形。

果：蒴果三棱状球形，光滑无毛，种子卵形，黑褐色，外被白色蜡粉。

花果期：6—10 月。

27 漆树科

27.1 火炬树

火炬树，漆树科盐肤木属落叶灌木或小乔木；拉丁名：*Rhus typhina*。

根茎：高可达 10 m，分枝少，小枝粗壮并密褐色茸毛。
叶：互生，奇数羽状复叶，长椭圆状至披针形，缘有锯齿，先端长渐尖，基部圆形或宽楔形，上面深绿色，下面苍白色，叶轴无翅。
花：雌雄异株，顶生直立圆锥状花序，雌花序及果穗鲜红色，形同火炬。
果：核果深红色，密生绒毛，花柱宿存、密集成火炬形。
花果期：花期 5—7 月，果期 9—11 月。

28 堇菜科

28.1 紫花地丁

紫花地丁，堇菜科堇菜属多年生宿根草本植物；拉丁名：*Viola philippica*，别名：野堇菜、光瓣堇菜等。

根茎：无地上茎，高 5 ～ 10 cm，果期高可达 20 余厘米；根状茎短，垂直，淡褐色，长 4 ～ 13 mm，粗 2 ～ 7 mm，节密生，有数条淡褐色或近白色的细根。
叶：叶片下部呈三角状卵形或狭卵形，上部者较长，呈长圆形、狭卵状披针形或长圆状卵形。
花：中等大，紫堇色或淡紫色，稀呈白色，喉部色较淡并带有紫色条纹。
果：蒴果长圆形，长 5 ～ 12 mm；种子卵球形，长 1.8 mm，淡黄色。
花果期：4 月（中下旬）—9 月，可作早春观赏花卉。

29

紫草科

29.1 斑种草

斑种草，紫草科斑种草属一年生草本植物，稀为二年生草本植物；拉丁名：*Bothriospermum chinense*。

根茎：高 20 ～ 30 cm，根为直根，细长，不分枝；茎数条丛生，直立或斜升，由中部以上分枝或不分枝。
叶：基生叶及茎下部叶具长柄，匙形或倒披针形，茎中部及上部叶无柄，长圆形或狭长圆形。
花：花序具苞片，苞片卵形或狭卵形，花梗短，花萼外面密生向上开展的硬毛及短伏毛，裂片披针形，裂至近基部，花冠淡蓝色。
果：小坚果肾形，有网状皱折及稠密的粒状凸起，腹面有椭圆形的横凹陷。
花果期：花期 4—6 月，果期 6—10 月。

29.2 砂引草

砂引草，紫草科紫丹属多年生草本植物；拉丁名：*Tournefortia sibirica*。

根茎：高 10 ～ 30 cm，有细长的根状茎；茎单一或数条丛生，直立或斜升，通常分枝，密生糙伏毛或白色长柔毛。
叶：披针形、倒披针形或长圆形；先端渐尖或钝，基部楔形或圆形；中脉明显，侧脉不明显，无柄或近无柄。
花：花序顶生，萼片披针形，花冠黄白色，钟状，裂片卵形或长圆形，花冠筒较裂片长，花药长圆形，花柱细。
果：核果椭圆形或卵球形，粗糙，先端凹陷，核具纵肋，成熟时分裂为 2 个各含 2 粒种子的分核。
花果期：花期 5 月，果期 7 月。

29.3 鹤虱

鹤虱，紫草科鹤虱属一年生草本植物；拉丁名：*Lappula myosotis*。

根茎：茎直立，多分枝，密被短糙伏毛。

叶：茎生叶线形或线状倒披针形，长 1 ～ 2 cm，先端渐尖或尖，基部渐窄，两面疏被具基盘糙硬毛。

花：苞片叶状，与花对生；花梗长 2 ～ 5 mm；花萼裂片线形，被毛，果期开展；花冠漏斗状，淡蓝色，长约 3 mm。

果：果序长 10 ～ 20 cm；小坚果卵圆形，长约 3.5 mm，被疣点，背盘窄卵形或披针形，中线具纵脊，边缘具 2 行近等长锚状刺，刺长 1.5 ～ 2 mm。

花果期：花期 6—8 月，果期 9—10 月。

30

Atlas of Common Plants in Tianjin
Beidagang Wetland Nature Reserve

玄参科

30.1 地黄

地黄，玄参科地黄属多年生草本植物；拉丁名：*Rehmannia glutinosa*。

根茎：高 10 ~ 30 cm，根茎肉质肥厚，鲜时黄色，在栽培条件下，直径可达 5.5 cm，茎紫红色。

叶：通常在茎基部集成莲座状，叶片卵形至长椭圆形，上面绿色，下面略带紫色或成紫红色。

花：花梗细弱，花萼钟状，萼齿 5 枚，矩圆状披针形或卵状披针形抑或多少三角形，花冠筒状而弯曲，外面紫红色。

果：蒴果卵形至长卵形。

花果期：4—7 月。

30.2 毛泡桐

毛泡桐，玄参科泡桐属乔木，树冠宽大伞形；拉丁名：*Paulownia tomentosa*。

根茎：高达 20 m，树皮褐灰色；小枝有明显皮孔，幼时常具黏质短腺毛。
叶：叶片心脏形，长达 40 cm，顶端锐尖头。
花：花序为金字塔形或狭圆锥形，长一般在 50 cm 以下。
果：蒴果卵圆形，幼时密生黏质腺毛，长 3 ～ 4.5 cm，宿萼不反卷，果皮厚约 1 mm；种子连翅长 2.5 ～ 4 mm。
花果期：花期 4—5 月，果期 8—9 月。

31 浮萍科

31.1 浮萍

浮萍，浮萍科浮萍属飘浮植物；拉丁名：*Lemna minor*，别名：青萍、田萍、浮萍草、水浮萍、水萍草。

根茎：背面垂生丝状根 1 条，根白色，长 3 ～ 4 cm，根冠钝头，根鞘无翅。
叶：叶状体对称，表面绿色，近圆形；叶状体背面一侧具囊，新叶状体于囊内形成浮出，以极短的细柄与母体相连，随后脱落。
花：雌花具弯生胚珠 1 枚；一般不常开花，以芽进行繁殖。
果：果实无翅，近陀螺状，种子具凸出的胚乳并具 12 ～ 15 条纵肋。
花果期：花期 7—8 月，果期 7—9 月。

32 葫芦科

32.1 马泡瓜

马泡瓜，葫芦科黄瓜属一年生匍匐草本植物；拉丁名：*Cucumis melo* L. var. *agrestis*，别名：马泡、小马泡、马泡蛋儿、马包、香瓜蛋儿等。

根茎：植株纤细，蔡蔓生，蔡上每节有一根卷须，卷须纤细茎、枝有棱，有黄褐色或白色的糙硬毛褐疣状凸起。
叶：有柄，呈楔形或心脏形，叶面较粗糙，有刺毛。
花：黄色，雌雄同株同花，花冠具有 3 ～ 5 裂。
果：瓜有大有小，最大的像鹅蛋，最小的像纽扣；瓜味有香有甜，有酸有苦，瓜皮颜色有青色的，杂色的，白色带青条纹的；种子淡黄色，扁平，长椭圆形，表面光滑，种仁白色。
花果期：6—8 月。

32.2 西瓜

西瓜，葫芦科西瓜属一年生蔓生藤本；拉丁名：*Citrullus lanatus*。

根茎：茎、枝粗壮，具明显的棱；卷须较粗壮，具短柔毛。
叶：叶柄粗，密被柔毛；叶片纸质，轮廓三角状卵形，带白绿色，两面具短硬毛，叶片基部心形。
花：雌雄同株；雌、雄花均单生于叶腋。
果：果实大型，近于球形或椭圆形，肉质，多汁，色泽及纹饰各式；种子多数，卵形，黑色、红色。
花果期：6—8 月。

33 龙舌兰科

33.1 凤尾丝兰

凤尾丝兰，龙舌兰科龙舌兰属多年生草本植物；拉丁名：*Yucca gloriosa*，别名：菠萝花、厚叶丝兰、凤尾丝兰，由于其叶形、植株形态与剑麻极为相似，常常被误认为“剑麻”。

根茎：茎粗短。
叶：呈莲座式排列，叶刚直，肉质，剑形，初被白霜，后渐脱落而呈深蓝绿色，表面凹，背面凸，叶缘无刺或偶而具刺，刺红褐色。
花：圆锥状花序粗壮，花黄绿色，花被裂片卵状披针形。
果：蒴果长圆形。
花果期：6—10 月。

34 忍冬科

34.1 金银忍冬

金银忍冬，忍冬科忍冬属落叶灌木；拉丁名：*Lonicera maackii*，别名：金银木、王八骨头。

根茎：茎干直径达 10 cm，高达 6 m。
叶：叶两面脉上、叶柄、苞片外面都被短柔毛；冬芽小，卵圆形，叶纸质。
花：有五枚雄蕊（花药＋花丝），两性，整齐或不整齐，花冠合瓣，管状或轮生。
果：果实暗红色，圆形，种子具蜂窝状微小浅凹点。
花果期：花期 5—6 月，果期 8—10 月。

35 茜草科

35.1 茜草

茜草，茜草科茜草属草质攀援藤木；拉丁名：*Rubia cordifolia*。

根茎：长 1.5 ～ 3.5 m，根状茎和其节上的须根均红色；茎数至多条，从根状茎的节上发出，细长，方柱形。

叶：通常 4 片轮生，纸质，披针形或长圆状披针形。叶柄通常长 1 ～ 2.5 cm，有倒生皮刺。

花：聚伞花序腋生和顶生，有花 10 余枚至数十枚，花序和分枝均细瘦，花冠淡黄色，干时淡褐色，花冠裂片近卵形。

果：果球形，成熟时橘黄色。

花果期：花期 8—9 月，果期 10—11 月。

36 鸢尾科

36.1 马蔺

马蔺，鸢尾科鸢尾属多年生密丛草本植物；拉丁名：*Iris lactea*，别名：马莲、马兰、马兰花、旱蒲、马韭等。

根茎：根状茎粗壮，木质，斜伸，外包有大量致密的红紫色折断的老叶残留叶鞘及毛发状的纤维。
叶：基生，坚韧，灰绿色，条形或狭剑形，顶端渐尖，基部鞘状，带红紫色，无明显的中脉。
花：浅蓝色、蓝色或蓝紫色，花被上有较深色的条纹，花茎光滑。
果：蒴果长椭圆状柱形；种子为不规则的多面体，棕褐色。
花果期：花期 5—6 月，果期 6—9 月。

37 鼠李科

37.1 枣

枣，鼠李科枣属落叶乔木；拉丁名：*Ziziphus jujuba*。

根茎：高可达 10 m，树冠卵形；树皮灰褐色，条裂；枝有长枝、短枝与脱落性小枝之分。

叶：卵形至卵状长椭圆形，先端钝尖，边缘有细锯齿。

花：聚伞花序腋生，花小，黄绿色。

果：核果卵形至长圆形，熟时暗红色；果核坚硬，两端尖。

花果期：花期 5—6 月，果期 8—9 月。

37.2 酸枣

酸枣，鼠李科枣属植物灌木或小乔木，树势较强；拉丁名：*Ziziphus jujuba* var. *spinosa*，别名：棘、棘子、野枣、山枣、葛针等。

根茎：枝的形态与普通枣相似，但枝条节间较短，托刺发达。
花：黄绿色，2 ～ 3 枚簇生于叶腋。
叶：互生，叶片椭圆形至卵状披针形，边缘有细锯齿。
果：核果小，近球形或短矩圆形，熟时红褐色，近球形或长圆形，味酸，核两端钝。
花果期：花期 5—6 月，果期 8—9 月。

38 石榴科

38.1 石榴

石榴，石榴科石榴属落叶灌木或小乔木；拉丁名：*Punica granatum*。

根茎：高达 5 ~ 7 m，树冠丛状自然圆头形；树根黄褐色；根际易生根蘖；树干呈灰褐色，上有瘤状凸起，干多向左方扭转；树冠内分枝多，嫩枝有棱，多呈方形；小枝柔韧，不易折断；一次枝在生长旺盛的小枝上交错对生，具小刺。

叶：对生或簇生，呈长披针形至长圆形，或椭圆状披针形，有短叶柄。

花：两性，一般 1 枚至数枚着生在当年新梢顶端及项端以下的叶腋间，花瓣倒卵形，与萼片同数而互生，覆瓦状排列；花有单瓣、重瓣之分。

果：成熟后变成大型而多室、多籽的浆果，每室内有多数籽粒；外种皮肉质，呈鲜红色、淡红色或白色，多汁，甜而带酸。

花果期：花期 5—6 月，果期 9—10 月。

39 白花丹科

39.1 二色补血草

二色补血草，白花丹科补血草属多年生草本植物；拉丁名：*Limonium bicolor*。

根茎：高 20 ～ 50 cm，全株（除萼外）无毛。
叶：基生，匙形至长圆状匙形，先端通常圆或钝，基部渐狭成平扁的柄。
花：圆锥状花序；花序轴单生，或 2 ～ 5 枚各由不同的叶丛中生出；花冠黄色。
花果期：花期 5 月（下旬）—7 月，果期 6—8 月。

40 马齿苋科

40.1 马齿苋

马齿苋，马齿苋科马齿苋属一年生草本植物；拉丁名：*Portulaca oleracea*。

根茎：茎平卧或斜倚，伏地铺散；多分枝，圆柱形，长 10 ～ 15 cm，淡绿色或带暗红色，全株无毛。

叶：互生，有时近对生；叶片扁平，肥厚，倒卵形，似马齿状，上面暗绿色，下面淡绿色或带暗红色。

花：无梗，常 3 ～ 5 枚簇生于枝端，午时盛开。

果：蒴果卵球形，种子细小，多数偏斜球形，黑褐色，有光泽。

花果期：花期 5—8 月，果期 6—9 月。

41 马鞭草科

41.1 金叶莸

金叶莸，马鞭草科莸属落叶灌木，人工培植；拉丁名：*Caryopteris clandonensis* ‘Worcester Gold’。

根茎：高 50 ～ 60 cm，枝条圆柱形。
叶：单叶对生，叶长卵形，长 3 ～ 6 cm，端尖，基部圆形，边缘有粗齿；叶面光滑，鹅黄色，叶背具银色毛。
花：聚伞花序紧密，腋生于枝条上部，自下而上开放；花萼钟状，二唇形裂，下萼片大而有细条状裂，雄蕊；花冠、雄蕊、雌蕊均为淡蓝色，花紫色，聚伞花序，腋生，蓝紫色。
果：蒴果黑棕色，4 瓣裂，无毛，无翅，有网纹。
花果期：花期 7—8 月，果期 8—9 月。

41.2 荆条

荆条，马鞭草科牡荆属落叶灌木或小乔木；拉丁名：*Vitex negundo* var. *heterophylla*。

根茎：高可达 2 ～ 8 m，树皮灰褐色，幼枝方形有四棱。
叶：掌状复叶对生或轮生，小叶 5 片或 3 片，叶缘呈大锯齿状或羽状深裂，上面深绿色具细毛，下面灰白色。
花：花序顶生或腋生，先由聚伞花序集成圆锥状花序。
果：核果球形，黑褐色，外被宿萼。
花果期：花期 6—8 月，果期 9—10 月。

42 柏科

42.1 龙柏

龙柏，柏科圆柏属乔木；拉丁名：*Juniperus chinensis* 'Kaizuca'，别名：刺柏、红心柏、珍珠柏等，是圆柏（桧树）的栽培变种。

根茎：高达 21 m，枝条螺旋盘曲向上生长，好像盘龙姿态；树皮深灰色，纵裂，成条片开裂。
叶：鳞叶排列紧密，幼嫩时淡黄绿色，后呈翠绿色。
花：雌雄异株，稀同株，雄球花黄色，椭圆形。
果：球果近圆球形，两年成熟，熟时暗褐色，被白粉或白粉脱落，种子卵圆形，扁状。
花果期：花期 3—4 月，果期次年 10 月。

42.2 侧柏

侧柏，柏科侧柏属乔木；拉丁名：*Platycladus orientalis*。

根茎：高达 20 余米，树皮薄，浅灰褐色，纵裂成条片；枝条向上伸展或斜展，幼树树冠卵状尖塔形，老树树冠则为广圆形；生鳞叶的小枝细，向上直展或斜展。
叶：鳞形，小枝中央的叶的露出部分呈倒卵状菱形或斜方形，背面中间有条状腺槽，两侧的叶船形。
花：雄球花黄色，卵圆形，长约 2 mm；雌球花近球形，径约 2 mm。
果：球果近卵圆形，成熟前近肉质，蓝绿色，被白粉，成熟后木质，开裂，红褐色。
花果期：花期 3—4 月，果期 10 月。

43 悬铃木科

43.1 三球悬铃木

三球悬铃木，悬铃木科悬铃木属落叶大乔木；拉丁名：*Platanus orientalis*，别名：祛汗树、净土树、法国梧桐、悬铃木。

根茎：高达 30 m，树皮薄片状脱落；嫩枝被黄褐色绒毛，老枝秃净，干后红褐色。
叶：叶大，轮廓阔卵形，基部浅三角状心形，或近于平截。
花：雄性球状花序无柄，雄蕊远比花瓣为长，花丝极短，花药伸长；雌性球状花序常有柄，花瓣倒披针形，花柱伸长。
果：果枝有圆球形头状果序 3 ～ 5 个，小坚果之间有黄色绒毛，凸出头状果序外。
花果期：花期 4—5 月，果期 9—10 月。

44 葡萄科

44.1 五叶地锦

五叶地锦，葡萄科地锦属木质藤本；拉丁名：*Parthenocissus quinquefolia*。

根茎：小枝圆柱形，无毛；卷须顶端嫩时尖细卷曲。
叶：掌状5片小叶，小叶倒卵圆形、倒卵椭圆形或外侧小叶椭圆形。
花：花序假顶生形成主轴明显的圆锥状多歧聚伞花序；花蕾椭圆形；萼碟形；花瓣长椭圆形。
果：果实球形；种子倒卵形。
花果期：花期6—7月，果期8—10月。

44.2 蛇葡萄

蛇葡萄，葡萄科蛇葡萄属木质藤本；拉丁名：*Ampelopsis glandulosa*，别名：锈毛蛇葡萄。

枝：小枝圆柱形，有纵棱纹，被锈色长柔毛；卷须 2 ～ 3 叉分枝，相隔 2 节间断与叶对生。

叶：单叶，心形或卵形，3 ～ 5 中裂，常混生有不分裂者，顶端急尖，基部心形，边缘有急尖锯齿，上面绿色，无毛，下面浅绿色，脉上有锈色长柔毛。

花：花序梗长 1 ～ 2.5 cm，被锈色长柔毛；花梗长 1 ～ 3 mm，疏生锈色短柔毛；花蕾卵圆形，高 1 ～ 2 mm，顶端圆形；萼碟形，边缘波状浅齿，外面疏生锈色短柔毛；花瓣 5 枚，卵椭圆形，高 0.8 ～ 1.8 mm，被锈色短柔毛。

果：果实近球形，有种子 2 ～ 4 粒。

花果期：花期 6—7 月，果期 9—10 月。

45 无患子科

45.1 栾树

栾树，无患子科栾树属落叶乔木或灌木；拉丁名：*Koelreuteria paniculata*，别名：木栾、栾华等，是植物。

根茎：树皮厚，灰褐色至灰黑色，老时纵裂；皮孔小，灰至暗褐色；小枝具疣点，与叶轴、叶柄均被皱曲的短柔毛或无毛。

叶：丛生于当年生枝上，小叶（7）11 ～ 18 片（顶生小叶有时与最上部的一对小叶在中部以下合生），无柄或具极短的柄，对生或互生，纸质，卵形、阔卵形至卵状披针形，长（3）5 ～ 10 cm，宽 3 ～ 6 cm，顶端短尖或短渐尖，基部钝至近截形，边缘有不规则的钝锯齿，齿端具小尖头，有时近基部的齿疏离呈缺刻状，或羽状深裂达中肋而形成二回羽状复叶。

花：聚伞圆锥状花序，长 25 ～ 40 cm，密被微柔毛，分枝长而广展，在末次分枝上的聚伞花序具花 3 ～ 6 枚，密集呈头状；苞片狭披针形，被小粗毛；花淡黄色，稍芬芳。

果：蒴果圆锥形，具 3 棱，长 4 ～ 6 cm，顶端渐尖，果瓣卵形，外面有网纹，内面平滑且略有光泽；种子近球形，直径 6 ～ 8 mm。

花果期：花期 6—8 月，果期 9—10 月。

45.2 复羽叶栾树

复羽叶栾树，无患子科栾树属乔木；拉丁名：*Koelreuteria bipinnata*。

根茎：高可达 20 余米，枝具小疣点。
叶：叶片平展，二回羽状复叶，长叶互生，斜卵形，顶端短尖至短渐尖，边缘有内弯的小锯齿，两面无毛或下面密被短柔毛。
花：圆锥状花序大型，裂片阔卵状三角形或长圆形，花瓣长圆状披针形。
果：蒴果淡紫红色，老熟时褐色，顶端钝或圆；有小凸尖，种子近球形。
花果期：花期 7—9 月，果期 8—10 月。

46 眼子菜科

46.1 篦齿眼子菜

篦齿眼子菜，眼子菜科眼子菜属沉水草本植物；拉丁名：*Stuckenia pectinata*。篦齿眼子菜生态幅宽，在淡水与咸水中均可繁茂生长。

根茎：根茎发达，白色，直径 1 ～ 2 mm，茎长 50 ～ 200 cm，近圆柱形，纤细，直径 0.5 ～ 1 mm，下部分枝稀疏，上部分枝稍密集；常于春末夏初至 7—9 月在根茎及其分枝的顶端形成长 0.7 ～ 1 cm 的小块茎状的卵形休眠芽体。

叶：线形，长 2 ～ 10 cm，宽 0.3 ～ 1 mm，先端渐尖或急尖，基部与托叶贴生成鞘；鞘长 1 ～ 4 cm，绿色，边缘叠压而抱茎，顶端具长 4 ～ 8 mm 的无色膜质小舌片；叶脉 3 条，平行，顶端连接，中脉显著，有与之近于垂直的次级叶脉，边缘脉细弱而不明显。

花：穗状花序顶生，具花 4 ～ 7 轮，间断排列；花序梗细长，与茎近等粗；花被片 4 枚，圆形或宽卵形，直径约 1 mm。

果：果实倒卵形，长 3.5 ～ 5 mm，宽 2.2 ～ 3 mm，顶端斜生长约 0.3 mm 的喙，背部钝圆。

花果期：5—10 月。

47 牻牛儿苗科

47.1 牻牛儿苗

牻牛儿苗，牻牛儿苗科牻牛儿苗属多年生草本植物；拉丁名：*Erodium stephanianum*。

根茎：高通常 15 ～ 50 cm；根为直根，较粗壮，少分枝；茎多数，仰卧或蔓生，具节，被柔毛。
叶：对生，托叶三角状披针形，分离，被疏柔毛，边缘具缘毛；基生叶和茎下部叶具长柄，柄长为叶片的 1.5 ～ 2 倍，被开展的长柔毛和倒向短柔毛；叶片轮廓卵形或三角状卵形，基部心形，长 5 ～ 10 cm，宽 3 ～ 5 cm，二回羽状深裂，小裂片卵状条形，全缘或具疏齿，表面被疏伏毛，背面被疏柔毛，沿脉被毛较密。
花：伞形花序腋生，明显长于叶，总花梗被开展长柔毛和倒向短柔毛，每梗具 2 ～ 5 枚花；苞片狭披针形，分离；花梗与总花梗相似，等于或稍长于花，花期直立，果期开展，上部向上弯曲；花瓣紫红色，倒卵形，等于或稍长于萼片，先端圆形或微凹。
果：蒴果长约 4 cm，密被短糙毛；种子褐色，具斑点。
花果期：花期 6—8 月，果期 8—9 月。

47.2 野老鹳草

野老鹳草，牻牛儿苗科老鹳草属一年生草本植物；拉丁名：*Geranium carolinianum*。

根茎：高可达 60 cm，根纤细，具棱角。
叶：基生叶早枯，茎生叶互生或最上部对生；托叶披针形或三角状披针形，外被短柔毛；叶片圆肾形，基部心形，裂片楔状倒卵形或菱形，小裂片条状矩圆形，先端急尖。
花：花序腋生和顶生，花序呈伞形状；苞片钻状，萼片长卵形或近椭圆形，花瓣淡紫红色，倒卵形。
果：蒴果长约 2 cm，被短糙毛，果瓣由喙上部先裂向下卷曲。
花果期：花期 4—7 月，果期 5—9 月。

48 胡麻科

48.1 芝麻

芝麻，胡麻科胡麻属一年生直立草本植物；拉丁名：*Sesamum indicum*。

根茎：高 60 ～ 150 cm，分枝或不分枝，中空或具有白色髓部，微有毛。
叶：矩圆形或卵形，长 3 ～ 10 cm，宽 2.5 ～ 4 cm，下部叶常掌状 3 裂，中部叶有齿缺，上部叶近全缘；叶柄长 1 ～ 5 cm。
花：单生或 2 ～ 3 枚同生于叶腋内；花萼裂片披针形，长 5 ～ 8 mm，宽 1.6 ～ 3.5 mm，被柔毛；花冠长 2.5 ～ 3 cm，筒状，直径 1 ～ 1.5 cm，长 2 ～ 3.5 cm，白色而常有紫红色或黄色的彩晕。
果：蒴果矩圆形，长 2 ～ 3 cm，直径 6 ～ 12 mm，有纵棱，直立，被毛，分裂至中部或至基部；种子有黑白之分。
花果期：夏末秋初。

49 小二仙草科

49.1 穗状狐尾藻

穗状狐尾藻，小二仙草科狐尾藻属多年生沉水草本植物；拉丁名：*Myriophyllum spicatum*。

根茎：根状茎发达，在水底泥中蔓延，节部生根；茎圆柱形，长 1 ～ 2.5 m，分枝极多。

叶：叶常 5 片轮生（或 4 ～ 6 片轮生、或 3 ～ 4 片轮生），长约 3.5 cm，丝状全细裂，叶的裂片约 13 对，细线形，裂片长 1 ～ 1.5 cm；叶柄极短或不存在。

花：两性，单性或杂性，雌雄同株，单生于苞片状叶腋内，常 4 枚轮生，由多数花排成近裸颓的顶生或腋生的穗状花序，长 6 ～ 10 cm，生于水面上。

果：分果广卵形或卵状椭圆形，长 2 ～ 3 mm，具 4 纵深沟，沟缘表面光滑。

花果期：花期从春季到 7—9 月陆续开放，果期 4—9 月。

50 黄杨科

50.1 大叶黄杨

大叶黄杨，黄杨科黄杨属多年生灌木或小乔木；拉丁名：*Buxus megistophylla*。

根茎：高 0.6 ～ 2 m，直径 5 cm；小枝四棱形，光滑、无毛。
叶：革质或薄革质，卵形、椭圆状或长圆状披针形以至披针形，叶面光亮，仅叶面中脉基部及叶柄被微细毛，其余均无毛。
花：花序腋生，花序轴长 5 ～ 7 mm；有短柔毛或近无毛。
果：蒴果近球形，长 6 ～ 7 mm，宿存花柱长约 5 mm，斜向挺出。
花果期：花期 3—4 月，果期 6—7 月。

附表

北大港湿地自然保护区
常见植物名录

序号	种	科	属	拉丁名	乔灌草分类	野生与种植分类
1	白茅	禾本科	白茅属	*Imperata cylindrica*	草本	野生
2	稗	禾本科	稗属	*Echinochloa crusgalli*	草本	野生
3	无芒稗	禾本科	稗属	*Echinochloa crusgalli* var. *mitis*	草本	野生
4	长芒稗	禾本科	稗属	*Echinochloa caudata*	草本	野生
5	狗尾草	禾本科	狗尾草属	*Setaria viridis*	草本	野生
6	金色狗尾草	禾本科	狗尾草属	*Setaria pumila*	草本	野生
7	大狗尾草	禾本科	狗尾草属	*Setaria faberi*	草本	野生
8	粱	禾本科	狗尾草属	*Setaria italica*	草本	人工种植
9	稷	禾本科	黍属	*Panicum miliaceum*	草本	人工种植
10	狗牙根	禾本科	狗牙根属	*Cynodon dactylon*	草本	野生
11	虎尾草	禾本科	虎尾草属	*Chloris virgata*	草本	野生
12	大画眉草	禾本科	画眉草属	*Eragrostis cilianensis*	草本	野生
13	画眉草	禾本科	画眉草属	*Eragrostis pilosa*	草本	野生
14	知风草	禾本科	画眉草属	*Eragrostis ferruginea*	草本	野生
15	碱茅	禾本科	碱茅属	*Puccinellia distans*	草本	野生
16	羊草	禾本科	赖草属	*Leymus chinensis*	草本	野生
17	芦苇	禾本科	芦苇属	*Phragmites australis*	草本	野生
18	芦竹	禾本科	芦竹属	*Arundo donax*	草本	野生

序号	种	科	属	拉丁名	乔灌草分类	野生与种植分类
19	毛马唐	禾本科	马唐属	*Digitaria ciliaris* var. *chrysoblephara*	草本	野生
20	紫马唐	禾本科	马唐属	*Digitaria violascens*	草本	野生
21	白羊草	禾本科	孔颖草属	*Bothriochloa ischaemum*	草本	野生
22	马唐	禾本科	马唐属	*Digitaria sanguinalis*	草本	野生
23	止血马唐	禾本科	马唐属	*Digitaria ischaemum*	草本	野生
24	互花米草	禾本科	米草属	*Spartina alterniflora*	草本	野生
25	牛鞭草	禾本科	牛鞭草属	*Hemarthria sibirica*	草本	野生
26	牛筋草	禾本科	穇属	*Eleusine indica*	草本	野生
27	糠稷	禾本科	黍属	*Panicum bisulcatum*	草本	野生
28	披碱草	禾本科	披碱草属	*Elymus dahuricus*	草本	野生
29	纤毛披碱草	禾本科	披碱草属	*Elymus ciliaris*	草本	野生
30	野黍	禾本科	野黍属	*Eriochloa villosa*	草本	野生
31	玉蜀黍	禾本科	玉蜀黍属	*Zea mays*	草本	人工种植
32	獐毛	禾本科	獐毛属	*Aeluropus sinensis*	草本	野生
33	野牛草	禾本科	野牛草属	*Buchloe dactyloides*	草本	野生
34	苍耳	菊科	苍耳属	*Xanthium strumarium*	草本	野生
35	翅果菊	菊科	翅果菊属	*Lactuca indica*	草本	野生
36	小蓬草	菊科	白酒草属	*Erigeron canadensis*	草本	野生
37	阿尔泰狗娃花	菊科	狗娃花属	*Aster altaicus*	草本	野生

序号	种	科	属	拉丁名	乔灌草分类	野生与种植分类
38	狗娃花	菊科	狗娃花属	*Aster hispidus*	草本	野生
39	金盏银盘	菊科	鬼针草属	*Bidens biternata*	草本	野生
40	鬼针草	菊科	鬼针草属	*Bidens pilosa*	草本	野生
41	婆婆针	菊科	鬼针草属	*Bidens bipinnata*	草本	野生
42	蒌蒿	菊科	蒿属	*Artemisia selengensis*	草本	野生
43	茵陈蒿	菊科	蒿属	*Artemisia capillaris*	草本	野生
44	猪毛蒿	菊科	蒿属	*Artemisia scoparia*	草本	野生
45	黄花蒿	菊科	蒿属	*Artemisia annua*	草本	野生
46	野艾蒿	菊科	蒿属	*Artemisia lavandulifolia*	草本	野生
47	艾	菊科	蒿属	*Artemisia argyi*	草本	野生
48	碱蒿	菊科	蒿属	*Artemisia anethifolia*	草本	野生
49	五月艾	菊科	蒿属	*Artemisia indica*	草本	野生
50	刺儿菜	菊科	蓟属	*Cirsium arvense* var. *integrifolium*	草本	野生
51	碱菀	菊科	碱菀属	*Tripolium pannonicum*	草本	野生
52	苣荬菜	菊科	苦苣菜属	*Sonchus wightianus*	草本	野生
53	苦苣菜	菊科	苦苣菜属	*Sonchus oleraceus*	草本	野生
54	尖裂假还阳参	菊科	假还阳参属	*Crepidiastrum sonchifolium*	草本	野生
55	中华苦荬菜	菊科	小苦荬属	*Ixeris chinensis*	草本	野生
56	鳢肠	菊科	鳢肠属	*Eclipta prostrata*	草本	野生

序号	种	科	属	拉丁名	乔灌草分类	野生与种植分类
57	全叶马兰	菊科	马兰属	*Aster pekinensis*	草本	野生
58	泥胡菜	菊科	泥胡菜属	*Hemisteptia lyrata*	草本	野生
59	蒲公英	菊科	蒲公英属	*Taraxacum mongolicum*	草本	野生
60	乳苣	菊科	乳苣属	*Lactuca tatarica*	草本	野生
61	菊芋	菊科	向日葵属	*Helianthus tuberosus*	草本	人工种植
62	向日葵	菊科	向日葵属	*Helianthus annuus*	草本	人工种植
63	旋覆花	菊科	旋覆花属	*Inula japonica*	草本	野生
64	蒙古鸦葱	菊科	鸦葱属	*Scorzonera mongolica*	草本	野生
65	中亚滨藜	藜科	滨藜属	*Atriplex centralasiatica*	草本	野生
66	滨藜	藜科	滨藜属	*Atriplex patens*	草本	野生
67	地肤	藜科	地肤属	*Kochia scoparia*	草本	野生
68	碱蓬	藜科	碱蓬属	*Suaeda glauca*	草本	野生
69	盐地碱蓬	藜科	碱蓬属	*Suaeda salsa*	草本	野生
70	灰绿藜	藜科	藜属	*Chenopodium glaucum*	草本	野生
71	藜	藜科	藜属	*Chenopodium album*	草本	野生
72	小藜	藜科	藜属	*Chenopodium ficifolium*	草本	野生
73	尖头叶藜	藜科	藜属	*Chenopodium acuminatum*	草本	野生
74	东亚市藜	藜科	藜属	*Chenopodium urbicum* subsp. *Sinicum*	草本	野生
75	盐角草	藜科	盐角草属	*Salicornia europaea*	草本	野生

序号	种	科	属	拉丁名	乔灌草分类	野生与种植分类
76	猪毛菜	藜科	猪毛菜属	*Salsola collina*	草本	野生
77	草木犀	豆科	草木樨属	*Melilotus officinalis*	草本	野生
78	细齿草木犀	豆科	草木樨属	*Melilotus dentatus*	草本	野生
79	刺槐	豆科	刺槐属	*Robinia pseudoacacia*	乔木	野生
80	红花刺槐	豆科	刺槐属	*Robinia pseudoacacia* f. *decaisneana*	乔木	人工种植
81	野大豆	豆科	大豆属	*Glycine soja*	草本	野生
82	大豆	豆科	大豆属	*Glycine max*	草本	人工种植
83	圆果甘草	豆科	甘草属	*Glycyrrhiza squamulosa*	草本	野生
84	合欢	豆科	合欢属	*Albizia julibrissin*	乔木	人工种植
85	槐	豆科	槐属	*Styphnolobium japonicum*	乔木	人工种植
86	金枝国槐	豆科	槐属	*Styphnolobium japonicum* ‘Golden Stem’	乔木	人工种植
87	兴安胡枝子	豆科	胡枝子属	*Lespedeza davurica*	草本	野生
88	野豇豆	豆科	豇豆属	*Vigna vexillata*	草本	野生
89	紫苜蓿	豆科	苜蓿属	*Medicago sativa*	草本	野生
90	紫穗槐	豆科	紫穗槐属	*Amorpha fruticosa*	灌木	人工种植
91	决明	豆科	决明属	*Senna tora*	草本	人工种植
92	朝天委陵菜	蔷薇科	委陵菜属	*Potentilla supina*	草本	野生
93	紫叶李	蔷薇科	李属	*Prunus cerasifera* f. *atropurpurea*	乔木	人工种植
94	碧桃	蔷薇科	桃属	*Amygdalus persica* ‘Duplex’	乔木	人工种植

序号	种	科	属	拉丁名	乔灌草分类	野生与种植分类
95	桃	蔷薇科	桃属	*Amygdalus persica*	乔木	人工种植
96	山桃	蔷薇科	桃属	*Amygdalus davidiana*	乔木	人工种植
97	榆叶梅	蔷薇科	桃属	*Amygdalus triloba*	乔木	人工种植
98	白梨	蔷薇科	梨属	*Pyrus bretschneideri*	乔木	人工种植
99	花红	蔷薇科	苹果属	*Malus asiatica*	乔木	人工种植
100	苹果	蔷薇科	苹果属	*Malus pumila*	乔木	人工种植
101	楸子	蔷薇科	苹果属	*Malus prunifolia*	乔木	人工种植
102	杏	蔷薇科	杏属	*Armeniaca vulgaris*	乔木	人工种植
103	萹蓄	蓼科	蓼属	*Polygonum aviculare*	草本	野生
104	酸模叶蓼	蓼科	蓼属	*Polygonum lapathifolium*	草本	野生
105	绵毛酸模叶蓼	蓼科	蓼属	*Polygonum lapathifolium* var. *salicifolium*	草本	野生
106	柳叶刺蓼	蓼科	蓼属	*Polygonum bungeanum*	草本	野生
107	红蓼	蓼科	蓼属	*Polygonum orientale*	草本	野生
108	西伯利亚蓼	蓼科	蓼属	*Polygonum sibiricum*	草本	野生
109	齿果酸模	蓼科	酸模属	*Rumex dentatus*	草本	野生
110	皱叶酸模	蓼科	酸模属	*Rumex crispus*	草本	野生
111	羊蹄	蓼科	酸模属	*Rumex japonicus*	草本	野生
112	野西瓜苗	锦葵科	木槿属	*Hibiscus trionum*	草本	野生
113	木槿	锦葵科	木槿属	*Hibiscus syriacus*	灌木	人工种植

序号	种	科	属	拉丁名	乔灌草分类	野生与种植分类
114	芙蓉葵	锦葵科	木槿属	*Hibiscus moscheutos*	草本	人工种植
115	苘麻	锦葵科	苘麻属	*Abutilon theophrasti*	草本	野生
116	蜀葵	锦葵科	蜀葵属	*Alcea rosea*	草本	野生
117	锦葵	锦葵科	锦葵属	*Malva cathayensis*	草本	野生
118	皱果苋	苋科	苋属	*Amaranthus viridis*	草本	野生
119	凹头苋	苋科	苋属	*Amaranthus blitum*	草本	野生
120	反枝苋	苋科	苋属	*Amaranthus retroflexus*	草本	野生
121	合被苋	苋科	苋属	*Amaranthus polygonoides*	草本	野生
122	打碗花	旋花科	打碗花属	*Calystegia hederacea*	草本	野生
123	牵牛	旋花科	牵牛属	*Ipomoea nil*	草本	野生
124	圆叶牵牛	旋花科	牵牛属	*Ipomoea purpurea*	草本	野生
125	田旋花	旋花科	旋花属	*Convolvulus arvensis*	草本	野生
126	菟丝子	旋花科	菟丝子属	*Cuscuta chinensis*	草本	野生
127	扁秆荆三棱	莎草科	三棱草属	*Bolboschoenus planiculmis*	草本	野生
128	具芒碎米莎草	莎草科	莎草属	*Cyperus microiria*	草本	野生
129	寸草	莎草科	薹草属	*Carex duriuscula*	草本	野生
130	水葱	莎草科	藨草属	*Schoenoplectus tabernaemontani*	草本	野生
131	旱柳	杨柳科	柳属	*Salix matsudana*	乔木	人工种植
132	绦柳	杨柳科	柳属	*Salix matsudana* var. *matsudana* f. *pendula*	乔木	人工种植

序号	种	科	属	拉丁名	乔灌草分类	野生与种植分类
133	河北杨	杨柳科	杨属	*Populus × hopeiensis*	乔木	人工种植
134	毛白杨	杨柳科	杨属	*Populus tomentosa*	乔木	人工种植
135	加杨	杨柳科	杨属	*Populus × canadensis*	乔木	人工种植
136	美国红梣	木犀科	梣属	*Fraxinus pennsylvanica*	乔木	人工种植
137	水蜡	木犀科	女贞属	*Ligustrum obtusifolium*	灌木	人工种植
138	金钟花	木犀科	连翘属	*Forsythia viridissima*	灌木	人工种植
139	紫丁香	木犀科	丁香属	*Syringa oblata*	灌木	人工种植
140	曼陀罗	茄科	曼陀罗属	*Datura stramonium*	草本	野生
141	宁夏枸杞	茄科	枸杞属	*Lycium barbarum*	灌木	野生
142	龙葵	茄科	茄属	*Solanum nigrum*	草本	野生
143	葎草	桑科	葎草属	*Humulus scandens*	草本	野生
144	构树	桑科	构属	*Broussonetia papyrifera*	乔木	野生
145	桑	桑科	桑属	*Morus alba*	乔木	人工种植
146	地笋	唇形科	地笋属	*Lycopus lucidus*	草本	野生
147	益母草	唇形科	益母草属	*Leonurus japonicus*	草本	野生
148	细叶益母草	唇形科	益母草属	*Leonurus sibiricus*	草本	野生
149	夏至草	唇形科	夏至草属	*Lagopsis supina*	草本	野生
150	活血丹	唇形科	活血丹属	*Glechoma longituba*	草本	野生
151	播娘蒿	十字花科	播娘蒿属	*Descurainia sophia*	草本	野生

序号	种	科	属	拉丁名	乔灌草分类	野生与种植分类
152	独行菜	十字花科	独行菜属	*Lepidium apetalum*	草本	野生
153	宽叶独行菜	十字花科	独行菜属	*Lepidium latifolium*	草本	野生
154	荠	十字花科	荠属	*Capsella bursa-pastoris*	草本	野生
155	鹅绒藤	萝藦科	鹅绒藤属	*Cynanchum chinense*	草本	野生
156	萝藦	萝藦科	萝藦属	*Metaplexis japonica*	草本	野生
157	杠柳	萝藦科	杠柳属	*Periploca sepium*	灌木	野生
158	水烛	香蒲科	香蒲属	*Typha angustifolia*	草本	野生
159	罗布麻	夹竹桃科	罗布麻属	*Apocynum venetum*	半灌木	野生
160	蛇床	伞形科	蛇床属	*Cnidium monnieri*	草本	野生
161	大车前	车前科	车前属	*Plantago major*	草本	野生
162	平车前	车前科	车前属	*Plantago depressa*	草本	野生
163	柽柳	柽柳科	柽柳属	*Tamarix chinensis*	灌木	野生
164	榆树	榆科	榆属	*Ulmus pumila*	乔木	人工种植
165	中华金叶榆	榆科	榆属	*Ulmus pumila* ‘jinye’	乔木	人工种植
166	小果白刺	蒺藜科	白刺属	*Nitraria sibirica*	小灌木	野生
167	蒺藜	蒺藜科	蒺藜属	*Tribulus terrestris*	草本	野生
168	臭椿	苦木科	臭椿属	*Ailanthus altissima*	乔木	野生
169	铁苋菜	大戟科	铁苋菜属	*Acalypha australis*	草本	野生
170	地锦草	大戟科	大戟属	*Euphorbia humifusa*	草本	野生

序号	种	科	属	拉丁名	乔灌草分类	野生与种植分类
171	火炬树	漆树科	盐肤木属	*Rhus typhina*	灌木	人工种植
172	紫花地丁	堇菜科	堇菜属	*Viola philippica*	草本	野生
173	斑种草	紫草科	斑种草属	*Bothriospermum chinense*	草本	野生
174	砂引草	紫草科	紫丹属	*Tournefortia sibirica*	草本	野生
175	鹤虱	紫草科	鹤虱属	*Lappula myosotis*	草本	野生
176	地黄	玄参科	地黄属	*Rehmannia glutinosa*	草本	野生
177	毛泡桐	玄参科	泡桐属	*Paulownia tomentosa*	乔木	人工种植
178	浮萍	浮萍科	浮萍属	*Lemna minor*	草本	野生
179	马泡瓜	葫芦科	黄瓜属	*Cucumis melo* L. var. *agrestis*	草本	野生
180	西瓜	葫芦科	西瓜属	*Citrullus lanatus*	草本	人工种植
181	凤尾丝兰	龙舌兰科	龙舌兰属	*Yucca gloriosa*	草本	人工种植
182	金银忍冬	忍冬科	忍冬属	*Lonicera maackii*	灌木	人工种植
183	茜草	茜草科	茜草属	*Rubia cordifolia*	草本	野生
184	马蔺	鸢尾科	鸢尾属	*Iris lactea*	草本	野生
185	枣	鼠李科	枣属	*Ziziphus jujuba*	乔木	人工种植
186	酸枣	鼠李科	枣属	*Ziziphus jujuba* var. *spinosa*	灌木	野生
187	石榴	石榴科	石榴属	*Punica granatum*	灌木	人工种植
188	二色补血草	白花丹科	补血草属	*Limonium bicolor*	草本	野生
189	马齿苋	马齿苋科	马齿苋属	*Portulaca oleracea*	草本	野生

序号	种	科	属	拉丁名	乔灌草分类	野生与种植分类
190	金叶莸	马鞭草科	莸属	*Caryopteris clandonensis* 'Worcester Gold'	灌木	人工种植
191	荆条	马鞭草科	牡荆属	*Vitex negundo* var. *heterophylla*	灌木	野生
192	龙柏	柏科	圆柏属	*Juniperus chinensis* 'Kaizuca'	乔木	人工种植
193	侧柏	柏科	侧柏属	*Platycladus orientalis*	乔木	人工种植
194	三球悬铃木	悬铃木科	悬铃木属	*Platanus orientalis*	乔木	人工种植
195	五叶地锦	葡萄科	地锦属	*Parthenocissus quinquefolia*	草本	人工种植
196	蛇葡萄	葡萄科	蛇葡萄属	*Ampelopsis glandulosa*	草本	野生
197	栾树	无患子科	栾树属	*Koelreuteria paniculata*	乔木	人工种植
198	复羽叶栾树	无患子科	栾树属	*Koelreuteria bipinnata*	乔木	人工种植
199	蓖齿眼子菜	眼子菜科	眼子菜属	*Stuckenia pectinata*	草本	野生
200	牻牛儿苗	牻牛儿苗科	牻牛儿苗属	*Erodium stephanianum*	草本	野生
201	野老鹳草	牻牛儿苗科	老鹳草属	*Geranium carolinianum*	草本	野生
202	芝麻	胡麻科	胡麻属	*Sesamum indicum*	草本	人工种植
203	穗状狐尾藻	小二仙草科	狐尾藻属	*Myriophyllum spicatum*	草本	野生
204	大叶黄杨	黄杨科	黄杨属	*Buxus megistophylla*	灌木	人工种植